你在为谁读书

赵汇峰……著

哈佛大学
给青少年的人生规划课

台海出版社

图书在版编目（CIP）数据

你在为谁读书：哈佛大学给青少年的人生规划课 /
赵汇峰著. --北京：台海出版社，2024.3（2025.3重印）

ISBN 978-7-5168-3792-4

Ⅰ.①你… Ⅱ.①赵… Ⅲ.①人生哲学－青少年读物
Ⅳ.①B821-49

中国国家版本馆CIP数据核字(2024)第020418号
.

你在为谁读书：哈佛大学给青少年的人生规划课

著　　者：赵汇峰

责任编辑：徐　玥　　　　　　　　　策划编辑：吴　静
封面设计：言　成

出版发行：台海出版社
地　　址：北京市东城区景山东街20号　　　邮政编码：100009
电　　话：010-64041652（发行，邮购）
传　　真：010-84045799（总编室）
网　　址：www.taimeng.org.cn/thcbs/default.htm
E－mail：thcbs@126.com

经　　销：全国各地新华书店
印　　刷：天宇万达印刷有限公司
本书如有破损、缺页、装订错误，请与本社联系调换

开　本：670毫米 × 950毫米　　　　1/16
字　数：160千字　　　　　　　　　印　　张：10
版　次：2024年3月第1版　　　　　印　　次：2025年3月第2次印刷
书　号：ISBN 978-7-5168-3792-4

定　价：49.80元

孩子，为什么要为自己读书

为什么要读书？你在为谁读书？对每个青少年来说，这是一个值得思考的问题。哪一位青少年不想成为未来的成功者？可是，如果我们没有明确的学习目的，不知道读书的方向，那么我们的人生只能在浑浑噩噩中度过；如果我们能够意识到只有知识才是成就梦想的通道，只有知识才是成就梦想的航船，那么，我们就会懂得我们是在为自己，为自己的梦想，为自己的未来，为自己的幸福而读书，我们的人生可能就会别有一番景致。

如何才能完成从平庸者到卓越者的升华呢？在哈佛大学我们或许能够找到答案。哈佛大学的巨大成就，关键不是因为它的规模宏大，学科众多，而在于它先进的办学理念、追求真理的可贵精神和三百多年沉淀下来的闪光智慧。哈佛教会学生怎样做人，怎样做一个成功的人，并引领他们思考和感悟人生，为实现人生目标，取得成功做好积极而充分的准备。哈佛认为：人才的培养，不仅要注意方法，更要注重观念；不仅要有勤奋的精神，还要学会独立思考。

本书将哈佛大学顶级的教育理念用简单而轻松的语言传递给读者。我们可以从哈佛精神中得到启发，提升思想境界，点燃学习热情，发掘自我潜能，更加自觉地学习知识，在人生的道路上迈出坚实的每一步。这里没有冗长的说教，只有无穷无尽的榜样力量；这里没有累赘的语言，只有深刻的人生哲理和感言。

　　如果你希望摆脱平凡，想要追求卓越的生活，如果你想探索成功的奥秘，充分地发展自我，但是又苦于找不到突破点，那么请你试着打开本书，与哈佛学子一起感悟人生，追求成功的真谛，听从梦想的召唤，为成功的人生树立航标；聆听成功的声音，奋勇攀登并征服生命的高峰。希望这些宝贵的智慧能够融入你的生命，成为你人生道路上的行动指南。

第一章

仔细想想学习这件事

学习成绩只是一种状态，思考与创新却是一种能力。学习的目的，正是获取这种能力。

我在为谁读书

> 我们在美丽的校园中度过自己的学生时代，每天在知识的海洋中遨游。你可曾想过：我们为什么而读书呢？为了将来有一份体面的工作？为了能够出人头地？为了光宗耀祖？

不，这些都不是我们读书的目的。我们读书是因为我们需要读书。我们是在为自己读书，我们读书是为了成就自己的理想人生。

不管我们将来想要做什么，都需要相应的教育和知识。你想当一名律师、一名教师、一名警官，或者想成为护士、医生、服装设计师、建筑工程师，无论你选择哪一种职业，良好的教育都必不可少，任何工作都需要你付出汗水、训练，努力学习。

哈佛大学所培养出来的学生都是精英，这些精英们从小便深知，他们是在为自己读书，是在为自己的前途读书，他们明白知识对于一个人成长的重要性。在现实生活中，很多学生对读书有着种种困惑，究其原因，是他们不明白读书的真正目的。有的学生认为读书无用，可是试想一下，如果没有专业的文化知识，那我们周围的一座座高楼大厦是怎样建立起来的？一项项科技发明又是怎样被创造出来的呢？

我们应该清楚地明白我们是在为自己读书，是为自己的前途读书，是为自己的理想读书。以读书为本，以读书为乐，以读书为动力。通过读书实现自己的人生价值和社会价值。因为只有自己拥有了知识和技能这样强大的武器，才能在以后的人生道路上勇往直前，战无不胜。因此，我们在提高自己学习成绩的同时，也要增强自己的素质，这才是对自己的未来负责任，才是为自己读书的体现。

爱读书、爱学习不仅使一个人幸福，而且能指引我们走向成功。读书、学习不仅能帮助一个人开拓前程，而且能帮助一个人成就事业。读书、学习能使人聪明、获得智慧，并且能使人谦虚、自信、机智、有耐心，而这些都是未来成功必须具备的要素。

要真正明白读书的真谛并不是一件容易的事情，尤其是对于还没有长大的学生。但只要我们多多接触古今读书人的榜样和故事，就能够真正领悟到读书的目的，从而热爱读书，以读书为乐趣，不断充实和丰富自己。

学习到底是为了什么

弄清楚学习的真正目的

在现实生活中，很多学生对读书有着种种困惑，究其原因，是他们不明白读书的真正目的。

学习的真正目的并不在于记忆、存储，或是学会运用某种特定的技巧，而是在于学到终身学习的能力。爱因斯坦说过这样一句话，"所谓教育，是忘却了在校学的全部内容之后剩下的本领。"

在哈佛，学生们总是不分昼夜地学习，每一位哈佛学子心中都明白，求学的成功道路是艰辛的，没有什么捷径可走，无论在哪里，要想出类拔萃，都需要勤学苦练。他们知道学习时虽然有些枯燥，但是当你爱上学习后，它给人带来的喜悦是其他任何东西都无法给予的。相比学习时短暂的无聊和痛苦，无知与茫然所带来的痛苦却是终生的，所以他们将学习当成和吃饭、睡觉同等重要的事情，每一天都不曾间断。

哈佛告诉学生，我们无法选择自己的出身，但我们可以选择勤劳的汗水、坚忍不拔的毅力和万难不屈的精神，去孜孜不倦地读书，用知识和能力去挑战命运，改变自己的人生。

哈佛的老师也经常这样告诫学生：如果你想在进入社会后，在任何时候、任何场合下都能得心应手并且得到应有的评价，那么你在哈佛学习期间，就要充分利用时间抓紧学习，而不是将业余时间用来打瞌睡。

也许有许多同学都在寻找成功的最佳捷径，其实成功最好的方法就是学习，通过学习来扩充知识，因为只有知识才能够帮助我们走向成功，也只有知识才能够帮助我们打开通往成功的大门。

哈佛箴言

读书是一件很美好的事情，它可以使人目光远大，心存高远；使人增长见识，谈吐不凡；使人思维活跃，聪慧过人；使人陶冶情操，放飞梦想。所以，我们一定要弄清楚学习的目的，明白学习到底是为了什么。

读书有什么用

读书可以帮助我们解决困难，应付困境，并可获得思想材料的来源。在困难面前我们需要思考，思考才能产生解决的办法。如果不读书，就不会有好的方法，多读书方法自然会多。

书籍是人类进步的阶梯，我们现在读的书本是前人数千年的学问、智慧和经验的结晶。读书能够帮助我们在极短的时间内掌握大量的科学文化知识，摆脱愚昧和迷信，让自己不再人云亦云。

读书能够帮助我们开阔视野，使我们不再局限于生活中的一隅，可以无拘无束地畅游古今中外，可以与自然对话，与社会对话，与大师对话。在书中，我们会认识孔子和孟子，认识屈原和文天祥，认识雷锋和焦裕禄；在书中，我们可以了解荷马与巴尔扎克，了解雨果与华兹华斯，了解了卢梭与康德。最重要的是，通过读书，我们完善了人格，提升了思想。随着读书范围的扩大，我们也会练就出广博的心胸与远大的理想和信念。

读书能够帮助我们结识朋友，扩大社交圈子。通过读书，我们能找到志同道合的朋友，大家可以在一起谈天论地，这何尝不是一种幸福呢？

我们可以从书中明白事理，在生活中坚持信念。通过读书，我们还可以锻炼自己的胆识、眼光、毅力，最终得到读书的主旨，读出自己的灵性来。

读书、学习不仅能帮助一个人开拓前程，而且能帮助一个人成就事业。读书、学习能使人聪明、智慧，并且能使人谦虚、自信、机智、有耐心，而这些都是未来成功必须具备的要素。

读书能够使人精神充实、增长知识、陶冶情操；读书可以培养人的判断、思维、鉴别、语言、写作等能力，增长才干，从而改变命运和人生。此外，国家的发展和国民素质的提高，重要的途径就是发展教育。所以，只有真正拥有知识的人才能够真正意识到自己的家庭责任、社会责任和历史责任。

在日常生活和学习中，正如鲁迅先生所说的，我们"必须如蜜蜂一样，采过许多花，这才能酿出蜜来"。读书可以让我们从中吸收自己需要的养分，丰富自己的知识，提高自己的学识水平，为自己的将来打好基础。

知识之光给人带来光明，是一个人获得幸福的可靠保证。贫困多是没有文化的结果，不幸多是无知的代价，失败多是浅陋思想的误导。不读书，容易愚昧无知，那就犹如黑夜行路，漆黑一片，人生怎么能够前进呢？

哈佛箴言

没有知识和技能的人，只有痛苦和悔恨的泪水陪伴终生。因此，珍惜现在，珍惜美好的读书时光，这才是我们正确的选择。

当心！不要被富豪的学历欺骗了

生活中，总是会有不爱学习的同学说，现实社会中，有许多的大老板、大富翁都没有读过书或者读了很少的书，不是照样发大财、赚大钱，那么我们读书又有什么意义呢？

这些同学喜欢拿那些学历不高的亿万富翁来举例，当作自己不喜欢读书的借口。不可否认，确实有一部分低学历的富豪，他们从未进过大学校门，多数都是初中毕业，有的甚至连小学都没念完，可这些并没有阻碍他们成为有成就的人。有相关人员对富豪的学历进行了如下统计：1999年中国富豪们大多只有"原生态"的小学或中学学历；到了2003年，百富榜上大专和本科学历以上的富豪占到57%；2008年以后，富豪们的学历已经开始向高学历、高起点迈进，很多都是研究生、博士、博士后，真是一个赛过一个。别让那些没有学历却可以成为富豪的假象蒙住自己的眼睛，没有学历并不代表他们不努力。在这个科技发展一日千里，市场经济千变万化，知识更新速率飞快的时代，没有学历的人要想取得非凡的成就，简直是太难了。

想想看，在当今这个日新月异的时代，学历常常是企业判断员工能力的一个基本要素，因为它决定了公司整体的知识结构和素质水平。倘若没有大学的台阶做铺垫，要想闯出一番事业，你知道有多困难吗？因为学历不够高，自己择业的时候选择机会就会少很多。当一纸文凭把自己和心仪的工作阻隔、失之交臂的时候，你一定会痛恨那家企业为什么不给自己一个展示才华的面试机会呢？因为你的学历达不到企业聘用的要求。虽然学历扮演的是一块敲门砖的角色，可就是这块敲门砖，却成了自己通向成功路途的羁绊，减少了你的很多人生机遇。求职、应聘、就业、涨薪、晋级、职称评定、资格报考……这些无一不跟学历挂钩。

尽管学历不能跟能力画等号，但是学历却代表着一个人的教育经历和经验。现在没有学历的人成功的机会越来越少，而高学历的人更善于学习，掌握更多的新知识，如果加上好的机遇，他们就能够更容易获得成功。

哈佛箴言

真正的学习是这样的：你的内心满怀着渴望，面对一切未知都想弄个水落石出，而你想知道一切真相的动机，不仅仅是好奇，而是对梦想急不可待的追求。

为自己读书，清点装备再出发

改变错误的学习观念

对于青少年来说，只有树立了正确的学习观念，才能具有顽强的意志和坚韧的毅力，才能在学习和事业上获得辉煌的成就。因此，那些错误的学习观念，我们应尽早摒弃。

错误观念一　读书无用

在现实生活中，有的学生就是不愿意读书，在他们看来，读书没有用。他们认为，现代社会能力比知识、学历更重要，学校的一些同学一天到晚都在学习，都快变成书呆子了，现在的教育都是为了考试，培养的都是"高分低能儿"。还有的学生认为，同学的爸爸只是小学毕业，可现在一样是大老板，现在大学毕业找不到工作的人比比皆是，那读书考大学还有什么用呢？你认同他们的说法吗？你是否也在抱怨学校学到的知识没用？

我们现在假设"学习无用的结论是真的"，现在要大家证明这个结论。

在你出生时，你大脑的信息量几乎为零，你的成长过程也是学习的过程。就拿在小学学习汉字来说吧，或许你觉得很枯燥，除了背诵、记忆就是反复书写，可你想过没有，如果没有小时候无数次枯燥的学习，我们今天能够顺利地读完一篇文章并理解它的含义吗？我们在与人交流的时候，能够听懂别人要表达的意思吗？答案自然是否定的。因为如果没有这些基础，我们就无法建造更高的知识大楼，甚至无法在社会上立足，更别说拥有美好的明天了。现在，你还认为读书无用吗？

错误观念二 **为父母读书**

生活中还有一种现象，有的人学习是为了满足父母的愿望。比如，有的同学因为父母小的时候家境贫困，所以没有条件读大学，而这也一直成为他们的遗憾。他们要求孩子好好学习，将来一定要考个名牌大学，以满足他们的愿望。所以为了报答父母的养育之恩，孩子必须好好学习，考上好的大学。这种观念对吗？

父母都希望自己的子女可以成才，我们可以理解。尽管父母为了我们付出了很多的金钱和精力，但是我们要取得人生的成就，还要追随自己的心灵，不能只沿着父母为我们规划好的路线盲目地走向自己不感兴趣的领域，这样也很难有更大的成功。因为决定我们人生未来命运的，不是我们的父母，而是我们自己。我们读书的目的，是成就自己的人生。只有这样，我们才真正对得起父母的养育之恩，才是对父母最好的报答。

错误观念三　为老师读书

在一部分学生的心中，认为读书是为了老师。因为老师为了学生的成长，付出了辛勤的汗水，所以他们认为，为了报答老师，应该好好读书。每一个老师都希望学生能够读好书，成为栋梁之材。但是，任何一个老师都不会告诉学生，读书是为了老师。因为老师的愿望是希望学生能够明白：读好书，是为了自己的前途，自己的未来，不是因为老师。

错误观念四　无须有目标，只学习就够了

学习是持久战，如果没有明确的目的和动力支持，很容易偏离最初的学习轨道或者中途放弃，所以你得找到自己坚持下去的动力。你越清楚自己的学习目标，就越能抵制诱惑，克服拖延，也就越容易朝着目标正确前行。

这时你可能会想起我们曾经学过一篇课文《为中华之崛起而读书》，文中表现了少年周恩来的博大胸襟和远大志向。那么，我们是在为国家读书吗？

为国家读书，是国家和民族对我们的期望；为了把祖国的明天建设得更美好而努力学习科学文化知识，为我们的国家贡献自己的

力量是我们的基本任务。但是，不能只喊"为国家读书"的口号而不付诸任何行动。对青少年来说，只有认识自我之后，才能真正体会到作为一个中华子孙的自豪感，才能激发自身的内在动力，成长为国家的栋梁之材。

所以，我们要认识到想要实现报效国家的愿望，首先就要好好读书，学好文化知识。只有我们树立了自己的理想，并且通过自己的努力成为一名有用之人，才能报效祖国。我们只有将书读好，才能有机会为他人服务，为国家服务，为人民服务。

哈佛学子的学习不仅仅是为了顺利完成学业，他们还有更高的追求，那就是实现自己的人生价值，完成自己的人生目标。观念决定方向，有什么样的想法就有什么样的未来，有什么样的想法就有什么样的生活。

改变错误的学习方法

要想提升学习成绩，具备终身学习的能力，关键就在于必须"学习如何学习"。学习很重要，学习如何学习更重要。所以我们必须要摒弃一些错误的学习方法。

1 死读书，读死书，不思考

孔子说："学而不思则罔。"卢梭说："读书不要贪多，而是要多加思索，这样的读书才能受益匪浅。"这些伟人的良言，就是告诚我们，要学以致用，不要用书本中的知识来替代自己的思考。只有积极地思考，才能触摸到知识的灵魂，才能将知识转化为生存的能力。学习的本质就是培养人的思考能力和创造能力，只有通过学习，才能拥有这些能力，才能让我们更加卓越。

2 没有合理的学习计划

学习计划是实现学习目标的保证，但不少学生在学习时毫无计划，既没有长远计划，也没有每个学科的具体安排，整天忙于被动应付作业和考试，缺乏主动的安排。因此，看什么、做什么、记什么等都心中无数，总是被动地考虑"老师要我做什么"，而不是主动去想"我要做什么"。无计划学习的结果就是学习低效，学习不快乐，也不能从学习中找到成就感。

3 不懂装懂，盲目做题

做题是必需的，它不仅有利于我们对知识点的巩固，做到熟能生巧，还有利于从中发现问题。但是，如果我们对所学的知识压根就没搞懂的话，遇到不会做的题，要么在别人的帮助下完成了，要么在答案的提示下做出来了，等再考再做时仍然不会做。可见，知识不熟练，不理解，不能辨别，不能转化，这样做题毫无意义。所以，遇到没懂的知识，一定要积极问老师，将不明白的知识彻底弄清楚。

4 不会听课，课堂效率低

课前不预习，对上课的内容完全陌生，无法带着疑问去学；上课开小差，思路无法与老师的授课保持同步；听课抓不住重点，没听明白需要重点突破的是什么；课后不及时复习，听完课就万事大吉；等等，这些都是不会听课的表现，导致课堂的学习效率低下，对知识的掌握也是一知半解。

在读书的路上，必然会遇到很多的苦，但是若达到了一个境界，就会真正体会到此苦亦为甜，此甜藏苦中。改掉不正确的学习观念，积极探索适合自己的正确的学习方法，朝着目标前行。物理学家阿基米德曾说过："给我一根足够长的杠杆，给我一个支点，我可以撬起整个地球。"那么，我们就把人生的杠杆，放在学习的支点上，让它撬起你远大的理想吧！

把学习当作人生的信仰

在人生最佳的学习阶段，我们埋于卷山、游历题海不是为了父母或老师，我们之所以学习，是因为我们需要学习，只有学习才能够让我们成为一个足够优秀的人。比如，考入较好的大学是我们现在为之奋斗的事情，但其真实目的是让我们拥有更好地学习和深造的机会，拥有成为社会精英的基石。进入理想的大学，我们就进入了另一个人生阶梯，是另一个更高的起点，但远远不是终点。

对于很多青少年来说，学习是一个艰苦的过程，在这个过程中，他们一直关注着老师的期望、家长的愿景和成绩的好坏，却很少关注过学习本身，其实这便是痛苦的来源。被动地学习很难让人愉悦。那么，怎样的学习才能够让人感到快乐呢？答案很简单，主动地学习才能让人感受到快乐。而想要主动地学习，我们就必须认识到知识的重要性与趣味性，明白学习能够给人充实感、丰富感与进步感。

我们来看看身边成功的人士，他们中有很多是没有文化积累的人，但是在社会上摸爬滚打获得一定财富之后，他们不会忘记给自己"充电"，因为他们懂得，知识对于自己立身这个社会的重要性。他们明白，学习是一辈子的事情，知识的广博程度决定了一个人的视野、格局与所能到达的生命高度。精英们在不断地学习中已经懂得了知识的趣味性，学习对哈佛学子而言，已经不再是一项任务，而是一种习惯，甚至是一种人生态度。他们在这种态度里淬炼着自己的意志、才情与理想。

没错，在追求成功的道路上，只有不断向前，付出更多努力的人才可能成为真正的赢家。少年阶段，好比是一年四季中的春季，一个春花烂漫的美好季节，万物复苏、生物生长的时节。在这个美好阶段，我们不能只顾留恋春季的美丽时光，而要在这个关键的时节考虑秋收的事情。就好比农民伯伯在春播耕种、精心呵护庄稼，到了秋天收获甜美的果实。

试想，如果我们没有春天的播种计划，怎么会有秋天的收获？趁早进行人生规划，趁早去努力读书，你的辛勤付出不会没有收获。在美好的青春年华，如果能确定好人生的目标，并积极去努力，人生肯定会前程似锦。

明白了这一点，你还会认为读书是无用的吗？你还像之前那样学习起来三天打鱼，两天晒网吗？你还会沉迷于电视剧而不用心复习功课吗？你还会在上课的时候进入梦乡而不认真听讲吗？相信你会做出正确的选择。

昨天，已经成为过去，不管是成功还是失败，都已经不再重要。从今天起，努力学习，把它当作人生的信仰，因为学习能让你在这个平凡的世界中变得不平凡，拥有一个完美而又精彩的人生！

第二章

站在哈佛的肩上放飞梦想

　　你的生命要靠自己去雕琢，你要选择自己的人生道路，确定人生目标，也就是为自己"人生道路怎么走""朝着什么方向走""最终要达到什么目的"进行设计。只有拥有梦想并愿意为之努力的人，才会不断地超越自己，达到一个又一个高峰，人生也因此绚丽多彩，跌宕多姿。

迷茫的目标面前，如何给自己定位

　　小时候，我渴望长大后成为一名警察，因为警察可以抓小偷，可以为民除害。随着年龄的增长，我发现成为警察受很多条件的限制，所以儿时的梦想已不再那么强烈。后来，我又想做一名医生，可以救死扶伤，然而现在的医生也不好做，如果医患关系处理不当，自己的前途也会受到很大影响。哥哥跟我说工程设计专业将来好找工作，我也看到了周围一座座高大的建筑设计得真是太漂亮了——我的梦想似乎又跟着变了。梦想可以这样子变来变去吗？这样会不会像"猴子掰玉米"，最后两手空空？其实，我真的很疑惑，这些算是我的梦想吗？如果不是，我的梦想又是什么呢？

　　谈到自己的梦想，很多同学都感到很迷茫，就拿高考后的考生来说吧，他们不知道自己喜欢什么专业，而填报志愿时，又不得不做出选择，于是就稀里糊涂地选择了，但毕业后也不知道自己喜欢什么工作，可是现实又逼着我们向前走，我们总是要干点什么，所以随便选择了一份工作，其间也因为种种不满而换来换去，突然有一天，却不知自己要去哪儿。蓦然回首，我们迷茫了……

并不是每个人一开始就能够找到自己真正的梦想，大多数同学开始的想法并不成熟。其实，从我们出生开始就习惯按照别人，尤其是父母的想法成长，所以这时候的梦想带有强烈的他人色彩，但是这些梦想不一定是错误的。在这些想法的影响下，你慢慢成为他们想象的那个"人"。随着自己的成长，你越来越能够清楚地知道自己真实的梦想。

所有成功人士都有目标。如果一个人不知道他想去哪里，不知道他想成为什么样的人、想做什么样的事，他就不会成功。

哈佛有一句著名的成功警句："目标不能决定一切，就像一艘航船需要罗盘一样，没有罗盘，航船就不知道朝什么方向航行，不知道什么时间到达……"

法国文学家罗曼·罗兰曾经说过："人生最可怕的敌人，就是没有明确的目标。"每个人都渴望成功，但是成功必须转换为明确的发展目标，我们才能为之奋斗和努力。否则，我们的人生只能在黑暗中胡乱行走。

"请你告诉我，我该走哪条路？"爱丽丝问。

"那要看你想去哪里？"猫说。

　　"去哪儿无所谓。"爱丽丝说。

　　"那么走哪条路也就无所谓了。"猫说。

　　这是刘易斯·卡罗尔的《爱丽丝漫游奇境记》中的一个片段。这个小故事告诉我们，人要有明确的目标，当一个人没有明确目标的时候，自己不知道该怎么做，那么别人也无法帮到你！因此，在我们寻求成功前，就必须树立明确的目标，这是所有成就的出发点。

　　明确目标是成功的首要组成部分。在学习、生活中，有很多同学整天都在叫喊着"成功太难"，可当问起他们心中的成功标准是什么时，他们却说不出个所以然来，因为他们根本就没有明确的目标。连自己想做什么都不知道，怎么可能成功呢？

　　我们的人生舞台就像一个战场，在战场上就要有明确的目标，没有目标的战斗一定会惨败。

　　目标不是挂在墙上的口号，也不是标榜自己的商标，更不是安慰自己的借口。目标应该是我们灵魂的指南针，是我们全身的血液，应该激发我们每一条神经，这样才能使我们激情万丈，让我们的决心更坚定，意志更坚强，智能更活跃。

　　一旦有了明确的目标，并下定了决心，就意味着我们对成功有了渴望，从而产生了强烈的使命感与激情，在这种情况下，任何阻止我们达成目标的东西都会纷纷让路的。

哈佛告诉学生，你的生命要靠自己去雕琢，你要选择自己的人生道路，确定人生目标，也就是为自己"人生道路怎么走""朝着什么方向走""最终要达到什么目的"进行设计。只有拥有梦想并愿意为之努力的人，才会不断地超越自己，达到一个又一个高峰，人生也因此绚丽多彩，跌宕多姿。

破除迷茫，行动是撬动梦想的杠杆

明确目标的重要性

人生不能没有梦想，没有梦想的生命是拥有死寂和黑暗的沙漠。目标是一盏明灯，照亮了一个人的生命；目标是一个路牌，在迷路时为你指明方向；目标是一方罗盘，给你导引人生的航向。作为21世纪的青少年，一定要为自己确定一个目标，明确自己的人生奋斗目标。

哈佛大学里，一些科学家对该校应届毕业生做了有关"目标对人生影响"的跟踪调查，调查对象是一群智力、条件等方面都差不多的年轻人。25年之后，统计结果出来了：3%的人有清晰且长期的目标，25年都没改变，一直在不懈努力着，他们几乎都成了社会各界的顶尖成功人士；10%的人有清晰的短期目标，他们大多生活在社会中上层，他们的共同点是，不断按照短期目标前进，成了各行业的专业人士，如主管、工程师、律师、医生等；60%的人目标模糊，他们能安稳地生活与工作，但都没有什么特别的成绩；剩下的27%的人没有任何目标，他们基本上都生活在社会的最底层，生活常常不如意或失业。由此可见，目标对一个人来说是多么的重要。

1 目标是前进的动力

一个人只要有明确的奋斗目标，就会产生前进的动力。有了目标，就有了热情，有了积极性，更有前进的动力。罗曼·罗兰说过："一种理想，就是一种力量。"一个聪明的人，一定是一个有理想、有追求、有上进心的人，一定有明确的奋斗目标，因为他们知道他们为什么要活着。因为目标不仅仅是奋斗的方向，更是一种鞭策动力。人的一生不能没有一个目标，目标对于成功，犹如空气对于生命一样重要，没有目标的人是不可能成功的。

"凡事预则立，不预则废。"机遇偏爱那些有准备的人。青少年无论是在学习过程中，还是在生活当中，都需要有一个目标，有了目标，就有了去拼搏的动力，才能使自己有无穷无尽的力量去克服困难，去挑战困难，从而赢得成功。

2 目标让你勇往直前

"我要让每一个家庭的办公桌上都有台小型电脑。"这一目标让比尔·盖茨成为世界首富。目标可以使穷人产生积极性，无论你在前进的过程中遇到多大的困难，只要想到自己的目标，你都能勇往直前。

一个心志不高、没有远大目标的人，甚至连一张蓝图都没有的人，是不能够创造出什么奇迹的。作为21世纪的青少年，你选择做明亮的不锈钢，还是要做角落里生锈的破铜烂铁？是选择做勇敢无畏的白杨，还是要做顺风而倒的墙头草？是选择做刚强明亮的金刚石，还是要做那乌黑软弱的石墨？人生的道路难以一帆风顺，也固然布满荆棘、充满坎坷，但只要有明确的目标，你就会看到曙光，看到希望。没有目标就不会有对未来美好的憧憬。

目标是人生的指路明灯。如果把人生比作在茫茫大海中航行，那么目标就是前进的灯塔，就是照亮人生的火炬。有了明确的目标，人生之舟才能沿着正确的方向扬帆远航。

人一旦有了目标，就有了追求的动力，就会不顾一切困难和阻挡，向着自己锁定的目标前进；有了目标，就能增加我们对事情的分析度，理智地处理好生活、学习中的诸多问题。

因此，如果你不甘心一辈子碌碌无为，而是希望出类拔萃，在各方面成为同龄人的榜样，在以后的工作中出人头地，那么趁着年轻，明确自己的目标吧，因为它能带领你走出平庸，驶向辉煌。

一个人没有明确的目标，就好像一条船在海里漂荡。因为没有它的目标港，所以不管这条船漂了多久，有多少经历风浪的经验，它始终不会到达目的地。

行动是撬动梦想的杠杆

无论是你，是他，还是我，当我们走进这个纷繁的世界时，心中都藏着一个美好的梦想。有的人梦想成为像爱迪生一样的发明家，有的人梦想成为明星，有的人则梦想成为医生、教师……但是只有梦想就够了吗？不，远远不够。

哈佛告诉学生，梦想是成功的翅膀，但是如果只有梦想而不付诸行动，就像种子没有被种在肥沃的土壤里，就算它再好，也不可能发芽成长；就像一张地图，不论多么详尽，比例多么精确，它永远不可能带着它的主人在地面上移动半步……所以梦想还需要通过由行动架起的桥，才能到达美好的彼岸。否则，即使梦想再壮丽，也只能是一个五彩斑斓的肥皂泡。

网易公司创始人丁磊曾经说过："即使摔倒了，也要抓一把沙在手中。"那一把沙子，是对梦想的执着，是行动的动力，是梦想成真的保证。文学大师林清玄说："我要以全心来绽放，以花的姿态证明自己的存在。"全心绽放的过程就是为梦想付出行动的过程，是梦想成真的过程。因为没有行动的梦想，永远都只能是"南柯一梦"。要想实现梦想，就必须要行动。

也许有的人会说，自己也曾为梦想行动过，可为什么最终是以失败告终呢？其实，用行动去实现梦想不难，但能坚持到底、永不放弃者，却是寥寥无几。可是，还有人实现，还有人坚持，还有人完成，还有人突破了一个又一个难关。从这个角度来说，实现梦想不仅要"肯做"，还需要锲而不舍地"坚持做"。

或许你早已经为自己的未来勾画了一个美好的蓝图，但是它同时也给你带来烦恼，因为你时常感到自己迟迟不能将计划付诸实施，你总是在给自己找借口，或者常常对自己说"留着明天再做"。这些做法将极大地影响你梦想的实现。因此，要获得成功，必须立刻开始行动。任何一个伟大的计划，如果不去行动，就像只有设计图纸而没有盖起来的房子一样，只能是一个空中楼阁。想象一座空中楼阁是一件美妙的事，不过你必须辛勤地为梦想添砖加瓦，否则梦想中的楼阁不会变成现实。

人的一生，便是在一条漆黑的夜路下行走。梦想如明灯，指引我们前进的方向，而为梦想付出的行动，便是脚底的那双鞋。没有灯，我们只是像瞎子一样胡乱冲撞；没有鞋，前方的荆棘会刺破我们的双脚，那遥远的光明永远不可能达到。

生命因为梦想而丰富，梦想因为行动而精彩。有了行动，梦想就可能变成现实。哪怕没有成功，我们也不后悔，因为我们从中磨炼了自己的意志，学到了许多的宝贵经验。

哈佛箴言

成功在于意念，更在于行动。制定目标是为了达到目标，目标制定好之后，就要付诸行动去实现它。如果不化目标为行动，那么所制定的目标就成了毫无意义的东西。

从迷茫到清晰，为人生确定方向

找到自己的人生方向

哈佛告诉学生，你给自己什么样的定位，决定了你一生成就的大小。志在顶峰的人不会落在平地，甘心做奴隶的人永远不会成为主人。

人生是一场漫长的旅程，每个人都希望能够找到自己的人生方向，走出一条属于自己的路。但是，很多人在人生的道路上会遇到迷茫，不知道该往哪个方向前进。那么，如何才能找到自己的人生方向呢？

1 要明确自己的兴趣爱好和优势

每个人都有自己的兴趣爱好和优势，这些都是我们独特的个性和特点。如果能够找到自己的兴趣爱好和优势，就能够更好地找到自己的人生方向。如果你喜欢写作，那么你可以考虑从事与写作相关的工作，比如编辑、记者等。

2 要明确自己的价值观和人生目标

每个人都有自己的价值观和人生目标，这些都是生命中最重要的东西。如果能够明确自己的价值观和人生目标，就能够更好地找到人生方向。如果你的人生目标是帮助别人，那么你可以考虑从事与社会公益相关的工作，比如志愿者、慈善家等。

3 要不断学习和成长

人生是一场不断学习和成长的旅程，只有不断学习和成长，才能够更好地找到自己的人生方向。如果你想从事与科技相关的工作，那么你就需要不断学习和掌握最新的科技知识和技能。

找到自己的人生方向并不是一件容易的事情，需要我们不断地探索和尝试。但只要我们明确自己的兴趣爱好和优势、价值观和人生目标，并不断学习和成长，就一定能够找到人生方向，走出一条属于自己的路。

4 如何实现自己制定的目标

每个人都有很美好、很远大的理想追求，然而不一定有了目标或者理想就一定能成功，还需要有明确、清晰的方向，并且为之付出自己的努力和奋斗，你才有可能成为命运的宠儿。

在我们的生活中，很多人的美好梦想都会被现实打败。这些人之所以没能梦想成真，往往不是因为难度太大，而是觉得成功离自己太远。也就是说，他们不是因为失败而半途而废，而是因为倦怠而失败，而目标一时的难以实现往往是造成这种倦怠的罪魁祸首。

那么，我们怎么做才能实现自己制定的目标呢？

确立人生目标要符合实际。我们崇尚远大的人生目标，也敬佩有远大目标的人，但是在确定自己的人生目标时一定要理智。不要因为歌星有无穷的魅力，就想做歌唱家；杨利伟是航天英雄，就立志做航天人；刘翔是我们的骄傲，就发誓成为体育健将；比尔·盖茨是世界首富，就梦想自己也要腰缠万贯……

不要盲目地追随他人，因为我们只看到了他们很风光的一面，殊不知，他们在确定自己的目标时，都是从实际出发并付出了努力才实现的。

理想有以下三个基本的内在要素。

一是现实性

一个人的理想要建立在现实基础之上。脱离了现实，理想只能成为空想。

二是目标性

理想不是立刻就能实现的，而是要通过自己的努力逐步变为现实，这就是理想的目标性。这种目标的制定要有一定的务实性。

哈佛大学在制定目标上是这样教育学生的：要想制定准确的目标，首先要能准确地评估自己的能力。在制定目标的时候，必须从自己的实际能力出发，认清实现目标的基础，分析目前是否具备这样的基础，预测目标与基础之间的距离，判断凭自己的能力能否消除这种差距，只有这样才有可能实现目标，不然结果可能适得其反。

三是期限性

没有期限的理想是空洞的。它一般可以分为近期、中期和远期理想。在实现的过程中，不能只注重近期理想而忽视中期和远期理想。

在认清理想的要素后，为了实现自己的理想，我们还应当在以下几方面做出努力。

1 要坚定理想的信念

一旦确立了理想，就应当有坚定的信念和不畏惧困难的决心，朝着理想的目标去努力奋斗。

2 分大目标为小步骤

大目标都是通过无数小目标的成功铺垫而成的，化大目标为小步骤是实现目标最有效能的方法。先设定一个长远目标，然后在长远目标下设立几个中期目标，每个中期目标还可以划分成若干个小步骤。假如你确立了把语文成绩提高到90分的目标，那么你就可以分步骤来实现这个目标。比如，你可以画一张成绩提升步骤图，在图的最上面写上90分，下面依次写上80分、70分。在第一个步骤旁边，可以标上"按时上课，认真听讲"；在第二个步骤旁边可以标上"课前认真预习，课后及时完成作业"；在第三个步骤旁边，可以标上"课后认真复习"。如果第一步没有做好，也并不意味着需要废弃原定目标。只要把第一步所需要的学习任务补上来，依然可以按照原定计划逐步前进。

3 要清除障碍，冲破各种艰难险阻

在实现理想的道路上，总是存在着各种艰难险阻。所以在挫折面前，我们要借助多方面的智慧和力量，积极主动地攻克各个难关，努力实现理想。

在实现理想的过程中，我们有可能面临失败，在失败的面前，不能对自己失去信心，要知道失败是很正常的。在这种情况下，我们可以调整近期的理想和目标，然后不断前进。

4 要有迎接困难的思想准备

青少年的坚持、恒心还不是很成熟，对短期目标还能坚持，对长期目标很难坚持到底，这就更需要锻炼自己的意志力，时刻准备接受挫折的磨砺。目标的实现是一个需要不断地勤奋努力和

持之以恒的漫长过程。正如古人所说的："有志者，事竟成，破釜沉舟，百二秦关终属楚；苦心人，天不负，卧薪尝胆，三千越甲可吞吴。"因此，我们一定要坚持不懈地走下去，无论前方有多少荆棘、有多少悬岩，都要去穿过、去履践；无论经历多少黑夜，走过多少彷徨，都不能害怕。经过千锤百炼，在有了钢铁般的意志之后，我们才会迎来黎明破晓时的曙光，迎来风雨后的彩虹，迎来胜利的掌声。

梦想永远建立在执着、汗水、努力之上。遥望过去，伟大的居里夫人造福于人类，艰苦、辛酸地奋斗了一生，终于提炼出了镭。她的生命虽然因为长期接受放射性物质的刺激而消逝了，但是她追逐梦想的脚步却永远不会停下来。她用自己的梦想，书写了生命的永恒。而青春年少的我们呢，在自己追梦的路上却因为无数的阻碍而停下了步伐，还是因为懒惰而放弃了梦想呢？

其实理想和现实往往只有一步之遥，关键是你想不想，或者你敢不敢踏出这决定成败的一步。如果勇敢地踏出了这一步，就有可能成就自己的理想，改变自己的一生。

记住，一百个梦想家比不上一个实干家。空有梦想，而不用行动将梦想实现，梦想就和幻想无异。

永远相信自己

哈佛大学在众多的学府中独占鳌头，培养了无数的成功者。你知道哈佛培养成功者的秘诀是什么吗？其实很简单，那就是自信。任何人的成功都离不开自信，而哈佛人比别人更自信，他们就是凭借着自信取得了一个又一个的成功。

自信，是梦想之树深深地扎进我们心灵的土地中的根，只有有了这样的深根，我们的梦想之树才能经受住任何狂风暴雨的吹打，才能花繁叶茂，不断长出成熟的果实。

关于自信心的重要性，哈佛大学的奥格·曼狄诺是这样说的："一个人想要获得成功，必须具备的品质有很多种，其中最重要的就是自信心。"哈佛教授对学生的第一要求就是：自信！自信！再自信！有自信心的人可以将渺小变成伟大，能够将腐朽化作神奇，这就是一个人获得成功的秘诀。

贝多芬凭借自信奏响了生命的交响曲，史铁生凭借自信书写了人生的宏伟篇章，女排凭借自信捧起了阔别17年的奖杯，刘翔凭借自信在奥运赛场掀起了"黄色旋风"，邰丽华凭借自信舞出了令人叹服的舞蹈……他们是自信的最好诠释者。

有一个性格内向、学习成绩一般的学生。在一次月考中，老师给她的作文评了满分，这令她大吃一惊，在惊讶之余，她明白，这源于她对文字的热爱。她爱读书，也唯有在优美的文字中才能找到属于自己的那份快乐。她也时常提笔记录下那些令她高兴的、难过的、失败的、感动的、气愤的事情……

老师让同学们传阅这篇满分作文。一些人看了暗地里嘲笑说：

"就这个？满分？"还有些人看了以后很不以为然地说："一定是抄的别人的，就她那样，怎么可能得满分啊！"

面对同学们的冷嘲热讽，内向的她只能选择默默地忍受，她也不想解释一些什么，因为她知道，他们不会相信的，只是在内心里，她为自己打抱不平：我成绩是不好，可是不代表我没有长处，我成绩差并不代表我品德不好。

那一段时间总会听到有人在窃窃私语，比如：成绩不好，没想到品德也这么差……脆弱的她可怜得连原来的一点点自信都没有了，她原以为她的同学可以重新认识自己，可是没想到，事实却恰恰相反。

她含着泪从抽屉里把自己曾经写文章的笔记本拿了出来，在同学们惊讶的目光中，她将那一页页满含自己感情的文字撕碎了，她不知道自己撕了多久，撕了多少张，只感受得到泪水争先恐后地夺眶而出……

突然，班主任老师走了过来，拉住了她。老师弯下腰，拿起满地的碎纸看过之后，似乎明白了什么，于是老师把她带到办公室，拿着手中的碎纸对她说："这些都是你用心写的文章，为什么要在乎别人怎么说呢？别人可以否定了你，但是你不可以否定自己。每一个人都不可能永远生活在鲜花和掌声中，那么我们该如何去做呢？我们需要努力前行。这就要拥有一颗自信的心，没有了自信，怎么可能轻易成功呢？你要永远记住：除了你自己，没人能否定你。"

她将老师的话深深地记在了心里，在以后的学习中，她比任何一个人都努力。每当遇到困难的时候，她都告诉自己：除了你自己，没人能否定你。一个学期之后，她的成绩一跃进入了全班前10名。

通过上面的故事，我们应该明白一个人如果缺乏自信，很容易因为一次的失败就悲观绝望，甚至裹足不前；而一个充满自信的人，就会不断地尝试、前进，没有到达目的地，就永远不会停下来。

在生活中，很多人之所以没能走向成功，不是因为自身实力不够，也不是因为没有机会，而是他不相信自己能够成功。在很多青少年中，有的人成绩不好，并不是因为智商比别人低，而是缺乏自信，不相信自己能够读好书，取得好成绩。其实每个人的心智都相差不大，真正的区别在于是否有自信。

相信自己，一切困难都会迎刃而解的。因为自信心是一种积极的心理品质，是促使人向上奋进的内部动力，是一个人取得成功而必备的、重要的心理素质。

就算全世界都否定你，你也要相信自己。不去想别人的看法，旁人的话不过是阳光里的尘埃，下一秒就会被风吹走。这是你的生活，没有人能插足，除了你自己，谁都不重要。

第三章

好成绩必有好方法

我们普遍认为学习本身就是一份苦差事，可是哈佛学子却认为学习是一件很快乐的事情，因为他们比普通人更为注重学习方法。他们知道，好的学习方法必定能够带来高效能。

对话哈佛

我已经努力了，为何没有好成绩

> 我们经常会发现一个现象：班里的学霸往往不是学习最刻苦的那拨人，学霸通常都是玩着就把学习学好的。现在思考一个问题：同样是学习，为何有的人学有所成，有的人却总是拿不到理想的结果？是不够努力吗？有的同学成绩在班中排名一直处于中下游，为了能够将成绩赶上来，每天都学习15个小时以上，可是如此一段时间之后，他的成绩并没有像期待的那样有所进步，甚至还不如其他同学每天学习10个小时更有效率。这又是什么原因呢？

大多数时候，我们都误以为自己学习很努力，我们也相信努力了一定会有好的结果和好的成绩，可最后结果总是差强人意。我们从不停下来思考自己学习的方法是否正确，也因为太盲目努力而根本没有时间思考自己到底会不会学习。所以不自觉地陷入了盲目地努力学习中。大部分人学习搞不好，很可能是方式方法出了问题，不会学，导致学不好，学不好，导致不想学，直接影响到学习兴趣和动力，最终陷入一个恶性循环中……

其实，学习方法和努力同样重要，有时候甚至比努力更重要。这个世界上努力的人太多太多，但是并非每个人都能拿到满意的结果。现在，认真问问自己和身边的同学，是否探索过某一科目的学习方法；是否验证过某个学习方法是否真的有效并对自己的学习过程做出相应的修正；在每次考试后看到不太理想的成绩后，是否真正静下心来分析问题的根源；是否思考过如何更高效地阅读，提高自己的写作能力……

我们普遍认为学习本身就是一份苦差事，可是哈佛学子却认为学习是一件很快乐的事情，因为他们比普通人更为注重学习方法。他们知道，好的学习方法必定能够带来高效能。所以哈佛的每一个学生都能享受学习的喜悦，享受学习的成功。

所以，如果你在学校学习学得很吃力，很茫然，那就从现在开始，从本章的内容中认真总结学习方法，并找到适合自己的学习方法，坚持下去，学习对你来说才是一件快乐的事情。

换个方向、找对方法比努力更重要

方向错误，越努力离成功就越远

我们处于什么方向不要紧，要紧的是我们正向什么方向移动。

有一只麻雀被一只鹰追捕，当麻雀被鹰追得走投无路时，突然看到一间宽敞的屋子，便飞了进去。不巧的是，就在这时，一阵大风刮来将屋门紧紧地关上了，同时也把那只鹰关在外面。当外面已经没有危险时，麻雀想飞出去，但是当它刚刚冲到窗户那儿时，就被窗上的玻璃挡了一下，它被反弹得眼冒金星，掉在地上。休息了一会儿，执着的麻雀又飞了起来，使出更大的劲儿向窗户飞去，这一回撞得更惨，它半天都无法重新飞起来。但是它并不气馁，它相信只要自己坚持不懈，就会成功地飞出去。接连一个多小时，麻雀都在尝试，但是毫无效果。最后它精疲力竭，绝望地跌落在地上。

临死之前，麻雀才发现，门下面有一道透光的缝儿，缝隙的大小刚好够它通过，可惜这个时候它连一丝挣扎到门前的力气都没有了，眼睁睁地死在了出路面前。

这则寓言中的麻雀非常努力，也很执着，它认为只要自己不放弃努力，就一定能够飞出去，可是结果却事与愿违，直到生命的最后一刻才发现，可以通过门缝出去。这就告诉我们这样一个道理：方向比努力更重要。

在学习过程中，很多同学就像这只麻雀，没有弄清楚自己的问题，只知道自己的成绩没上去是因为努力不够，所以他们拼命学习。当他们从老师、父母和同学那里得知"别人比你还努力"时，就更加努力了。可结果，就如同麻雀一样。其实，学习也是需要方法和技巧的，不能一味地盲目努力，不然做出了努力，却不见很大的成效。

现实生活中，没有方向或者跑错方向的人并不少见。很多人都坚信"天道酬勤""一分耕耘、一分收获""勤奋+汗水=成功"等成功格言，殊不知，这些成功之道都有一个基本的前提——正确的方向。

真正的成功除了坚持不懈外，更需要方向。选择一个适合自己的方向，进步来得比想象的更快。不了解自己，不寻找适合自己前行的方向，尽管很努力，并且即使付出了自己最大的努力，可最终还是不会成功的。

不是说努力不重要，而是方向更重要。方向错了，只会是南辕北辙，越努力离成功就越远。有了努力的方向，才不至于盲目行动。它在一定程度上可以矫正我们的思想和行为。也就是说，选择比努力更重要，确定方向比出力流汗更重要。如果方向错误，越努力离成功就越远，离失败就越近。

哈佛箴言

在意识到失败后，我们要仔细分析，调整努力的方向，只要方向没错，就可以通过自己的努力更快地找到出路，获得成功。

好的学习方法让学习事半功倍

当你努力学习的时候，不要单纯地去抓紧时间、埋头苦学，而应该找到最适合自己的学习方法，才能够让自己的努力发挥出最大功效。

我们要知道为什么学习，要清楚为什么做题，要学会思考，这样才能做到心中有数。

首先，高效地利用时间

有的同学一味地打时间的消耗战，认为投入了时间，就会有相应的学习效率，殊不知，学习的时间久了，人的大脑就会处于倦怠的状态，这样就无法让自己集中精力去学习了，所以你即使看了三个小时的书，实际上，真正看进去的时间可能都不超过一个半小时。

要想有好的学习效果，必须要提升时间利用率，规定一定时间内完成多少学习的任务，这样，既不需要长时间地学习，造成大脑的疲劳，又能提升专注力，让我们更加投入到学习当中去。

其次，带着问题去学习

在课堂上，除了认真听讲之外，更应该多关注知识的难点、疑点。只有带着疑问听讲，我们才能启动思维，积极解决疑惑。围绕重点和难点专心听讲，跟上老师的思路，积极思考"为什么是这样？有没有别的解题思路？"有了这些疑问，我们就可以找时机向老师提出问题。

总之，在课堂上我们不但要"会听"，还要"会思考""会提问"。

韩愈说："师者，所以传道受业解惑也"。一般来说，老师都会非常欢迎我们积极提问，因为爱问为什么，是爱学习、爱思考的表现。有了老师的帮助，我们就能更快地解决问题。

记住，爱问"为什么"是一个正面行为。只有勤于思考，敢于质疑，善于求证，才能发现问题，解决问题。这样，学习才能学得透，学得好。

再次，不懂就要问

我们对知识有了疑问，自然要知道其中原委。所以，不懂就要大胆地提问，提问是对不懂的知识提出疑问，并不是在挑战老师的权威，所以，不要怕会惹得老师不高兴。我们要把每个知识点都弄懂、吃透。如此循环往复，我们的思维也会越来越敏捷。

哈佛箴言

有了学习状态，又有了正确的学习方法，就会像饥饿的人扑在面包上，就会达到一种忘我的境界，从而进入一种良性循环中。当体验到求知过程的激情，把学习当成一种享受的时候，就会创造奇迹。

正确看待学习中的"高原现象"

我们在学习过程中经常会遇到这样的情况：当你开始学习某门知识时，学得很快，学习效果也显著，随着时间的延长和难度的增加，到了某一阶段，你会感觉头脑不再清晰，学习效率大大降低，甚至出现"停滞不动"的局面，这就如同我们向高原进发，开始时爬坡速度很快，通过努力，爬上了某一高度的平缓地带，再往前走，又仿佛没有高度的变化，好像到了高原一样，在心理学上称此现象为"高原现象"。

对此，很多同学不明白究竟是怎么回事，觉得自己天天都在努力学习，就是看不到进步。时间久了，就会有一部分人怀疑自己是不是比别人笨，自己是不是已经到了江郎才尽的地步。意志薄弱者还会出现沮丧、懊恼、心烦意乱等消极情绪，以为自己再学也白搭，因而失去信心，对成绩差的学科更是产生了厌学情绪，要么是草草对付，要么是干脆终止学业。

显然，这种学习上的"高原现象"很容易让我们变得身心疲惫，缺乏学习兴趣，甚至自暴自弃。但是了解了"高原现象"产生的原因，掌握克服的方法之后，不少同学还是能及时消除负面影响的。事实上，遇到这种情况，恰恰说明你已经努力了很长时间，积累了很多收获，此时如果再坚持一下，想必用不了多久就会看到成功的曙光。

为什么会出现学习上的"高原现象"呢？

首先，任何学习都是先从容易、浅显的知识入手，然后再逐步加深。但是随着学习的深入，所学学科也会越来越难，而难的东西原本就难以在短时间内理解和掌握，这时我们原有的知识基础和能力就显得不够用了，学习速度必然要慢下来。这种情况在毕业班的学生身上尤为多见，面对接踵而至的考试、测验，还有堆积如山的习题、讲义，再加上为了学习又缺乏体育锻炼，有的还要承受来自父母、学校或社会的压力，这些都会让我们因身心疲劳而产生"高原现象"。

其次，当我们学习某一学科的时间较长，学习热情可能会有所降低，甚至会有厌倦情绪时，学习的劲头也会下降，导致学习进度缓慢或下降，自然就出现了"高原现象"。

再次，很多学生在学习某一科目的开始阶段，有浓厚的兴趣和新奇感，靠死记硬背或是多写多练，进步很快，但是随着所学知识的增多，难度的加深，学习方法不得当的问题日渐暴露，越学越吃力，进步也越来越缓慢，总感觉力不从心。

此外，有些学生在学到一点"皮毛"以后，就以为学得差不多了，不像以前那样全力以赴了，有的甚至浅尝辄止不再努力。这种浅尝辄止、停滞不前的态度也会导致"高原现象"的出现。

面对学习成绩达到某种高度后，怎么努力都很难再提高的情况，又该从哪些方面来消除这种"高原现象"呢？

1 正确认识"高原现象"

"高原现象"是学习过程中一种极为正常的现象，在这个阶段，要充满信心，保持平和的心态，相信自己的学习能力，做到不急躁、不烦恼、不慌乱，经历了一次次的体验，自然会战胜眼前的小低谷。

2 调整和改变原有的学习模式和学习方法

不同的学习阶段需要不同的学习方法。当我们发现自己"停滞"了后，就要适当地对学习方法、思维方式以及策略进行调整，来适应更高层次知识学习的要求。反之，如果这时还是采用一成不变的学习方法，用习惯性的思维去对待后一阶段的学习，效果肯定会大打折扣。

3 向老师、同学请教

当你感觉自己在学习上"停滞不动"时，不要独自一个人钻牛角尖，而是尽量把情况跟老师或同学说一下，很可能会得到有益的指点，帮你找到"停滞"的症结所在，然后采取相应的行动。

需要强调的是，对于一个学生来说，出现学习上的"高原现象"并不可怕，重要的是，要有临危不乱的心态和战胜它的勇气，不管现在的学习状况如何，只要相信自己能成功，只要

运用正确的方法，就完全能够跨越"高原"，向更高的目标
迈进。

打破思维的枷锁

　　在生活中，很多同学思考问题都喜欢不假思索地跟着感觉走，
但这样更容易使人循规蹈矩，故步自封。一个聪明的、成功的人恰
恰敢于打破思维定式，与众不同，独树一帜。

　　有一次，老师想治一治班上淘气的学生，就出了一道数学题：
$1+2+3+\cdots\cdots+100=?$

　　老师想，这道题足够他们算半天时间了。学生们开始认真计算
起来，他们把数字一个个加起来，额头都出了汗水。谁知，时间刚
刚过去十几分钟，高斯就举起手来，说他算完了。老师走到他身

边，看到的答案是5050。完全正确。

老师惊诧不已，问高斯是怎么算出来的。他回答先把1和100相加，得到101，再把2和99相加，也得101，最后50和51相加，也得101。一共是50个101，二者相乘就是5050。

高斯没有按照常规的思维直接一个数一个数地相加进行演算，而是开动大脑想到了更为简便的方法，这一简便的方法跟普通的方法相比，不知要省掉多少时间。由此可见，创新思维对于学习来说是很有必要的。

创新思维是指以新颖独创的方法解决问题的思维过程，通过这种思维能突破常规思维的界限，以超常规甚至反常规的方法、视角去思考问题，提出与众不同的解决方案，从而产生新颖的、独到的、有社会意义的成果。哈佛一直致力于教学子们如何打破常规进行自主思考，可以说改变思维、勇于创新的理念已经融入了哈佛人的血液中，这便是哈佛人比普通人更容易成功的原因。这种方法用在我们的学习上主要指学习的灵活性。所以除了基础知识的掌握、多做习题巩固外，我们还应该学会利用创造力灵活解题，让自己的思路变得宽广。

　　总是跟在别人后面走，是永远也不会做出成绩的。一个人不敢站起来超过权威的高度，不敢越过传统这个雷池半步，他就不会有什么创新。

掌握正确的学习方法，才能高效学习

　　人这一生就是学习的一生，而学习能力的高低，决定的将是一个人的未来走向，拥有怎样的生命状态。而学习的能力，也是一种改变生活和境遇的能力。学习效率是决定学习成绩的重要因素，提高学习效率才能提高成绩，那么我们该怎样提高学习效率呢？

学习要有耐心

　　学习的过程如同爬阶梯，上升一阶后，需要在这一阶上走很久，然后才会迈向另一个阶梯，通过一段时间的努力，学习可能没有进步，甚至略有退步，这都是很正常的。因为学习进展和时间的关系，并不是我们想象中那种简单的线性关系，学多少就会是多少，而是呈现一种波浪式上升曲线。

进展

平台期

上升期

平台期

上升期

平台期

上升期

0 时间

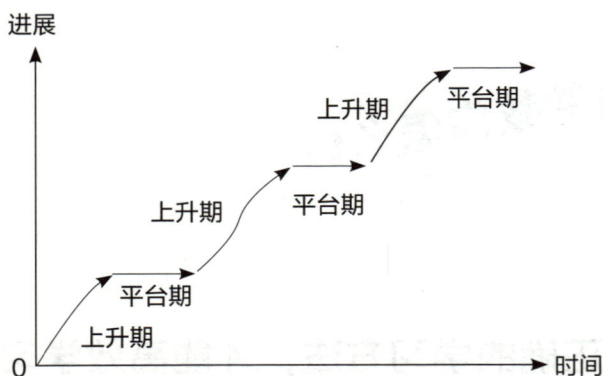

　　刚开始进步很快，然后速度会变慢，进入平台期的累积，到了某一节点后，才会攀升到下一个快速上升的阶段。了解这一规律后，我们就能在遇挫或停滞不前时，拥有坚持的定力。不会因自己进步缓慢而沮丧，也不会因别人成长迅速而焦虑，毕竟每个人所处的学习阶段不同，只要不放弃，每个人都能抵达向往的高度。

杜绝一知半解

　　学习就像一场不断消除疑惑的比赛。无论是记单词还是记数学公式，记忆得越深刻，理解得越清晰透彻，掌握得就会越好。想要提升学习能力，就要不断明确核心难点，花时间去梳理、分析，然后逐步攻克，杜绝一知半解。

专注是学习的核心

　　在学习层面上，学霸与普通学生的区别不仅体现在勤奋的程度上，还有专注力。所谓专注力，是指一个人专心做一件事时，把视觉、听觉、触觉等集中在这件事上的能力，是一种心理状态。对学习而言，专注力就是在学习时能够不分心，不做其他任何事情，只专注于学习。我们在学习的时候，大脑会进行感知、记忆、思维等活动，而专注力就是这些活动能够顺利进行的基础，专注力越强，学习效果越好。有研究人员指出：在短时间内投入100%的精力比长时间投入70%的精力效果要好。精力越集中，感知越细微，越能迸发丰富的灵感源泉。所以只要开始学习就全力以赴，尽量保持极度专注的状态，哪怕时间很短也是有意义的；一旦发现自己开始因为精力不足而分心走神，就及时停下来调整自己的状态。

不断进行自我测试

是否有及时、持续的反馈，是产生学习效果差异的关键。现实中，不少人一味地努力坚持，苦苦地"学学学"，不仅收效不明显，时间久了，还丢失了学习的动力和乐趣。

就学习知识而言，获取反馈最好的方法是进行自我测试。就像一个道路检修工人，对已有路段进行检查、修复或强化。学习也一样，我们也要通过主动测试回望，看看自己吸收了多少内容，能否把概念明白地讲出来，能否将新知和已知联系起来，然后再找出自己的薄弱环节，重新修缮巩固，为接下来的学习旅程夯实路基。

保持良好的心态

学习不是一时一刻的激情，而是漫长未知的探索，我们要有足够的心理容量去接纳过程中跳跃的各种可能。尤其是遇到困难时，要保持好的心态，允许自己一次只做好一件事；允许自己进步缓慢，甚至反复失败；允许自己花更长的时间去练习。在标准上想得高一点，在期待上想得低一点，放下功利的包袱，轻装上阵去迎战，就能学成或做成梦想的事。

营造良好的学习环境

一个良好的学习环境是我们高效学习的基础。在家里，我们要有一个适当的学习场所，房间的光线要柔和，并且布置得要整洁有序，这样更容易集中精神。尽量避免外界的刺激和干扰，将学习可能用到的文具整理到一个固定的位置，需要的时候随时都能取用。书桌上，不可摆放玩具、小零食，这些都是分散我们注意力的罪魁祸首。写作业时，文具的功能越简单越好，避免我们把它们当作玩具而忽略写作业这件事。

告别拖延症，今日事今日毕

今天的事情必须今天完成，不要一而再，再而三地推到明天。这也是提高学习效率的前提条件。我们可以把今天需要完成的任务梳理出来，按照紧急、重要的等级来排序，每完成一项就在任务前面打钩，这样就能高效地完成今天的事情。

今日学习任务

	学习任务	完成情况
1	完成数学作业	
2	完成语文作业	
3	复习学过的古诗、生字	
4	背诵故事	
5	预习下节课内容	
6	背诵单词	
7	阅读	
……	……	

制订合理的学习计划

要想给自己制订一个学习计划，首先要有学习的目标。如果你能在每个新学期开始时，给自己设置合理的学习目标，那么在新学期里，你肯定能够游刃有余地对待学习，快速提升成绩。可以先定一个类似下面的学期计划表，把目标分解到每个月。每个月的计划分解到每周。所以，我们先来给自己定个目标吧！例如，某同学为了在新学期有一个好的成绩，针对主要学科制定了学习目标。

①制订学期计划：根据你的新学期目标，制订一份类似下面这样的学期计划表，把目标分解到每个月。注意，学期计划表不用做得特别详细，简要地写出具体内容即可。

学期计划表

202___年___月___日　学校：_____　班级：_____　姓名：_____

时间		目标	计划内容	完成情况
第1个月	202___年___月	背古诗	背诵古诗____首	☐
		记单词	记忆单词____个	☐
		做数学思维题	做____道	☐
		……	……	☐
第2个月	202___年___月	背古诗	背诵古诗____首	☐
		……	……	☐
		……	……	☐
		……	……	☐
第3个月	202___年___月	背古诗	背诵古诗____首	☐
		……	……	☐
		……	……	☐
		……	……	☐
第4个月	202___年___月	背古诗	背诵古诗____首	☐
		……	……	☐
		……	……	☐
		……	……	☐
第5个月	202___年___月	背古诗	背诵古诗____首	☐
		……	……	☐
		……	……	☐
		……	……	☐

②制订月计划：在每个月的最后一天，把下个月的主要任务列出来，制订一份类似下面这样的月计划表。

月计划表

202____年____月____日　　学校：_____　　班级：_____　　姓名：_____

本月目标

☐1. 参加英语考试
☐2.
☐3.

填写本月目标

填写星期

填写具体任务

时间	星期一	星期二	星期三	星期四	星期五	星期六	星期日
第一周			1 记单词	2 记单词	3 记单词+练听力	4 记单词+练口语	5 记单词+练听力
第二周	6 记单词+练听力	7 记单词+做阅读	8 记单词+练听力	9 记单词+练写作	10 记单词+练语法	11 记单词+练口语	12 记单词+练听力

（续表）

时间	星期一	星期二	星期三	星期四	星期五	星期六	星期日
第三周	13 记单词+做阅读	14 记单词+练语法	15 记单词+练听力	16 记单词+练写作	17 记单词+练口语	18 记单词+模式测试	19 记单词+练口语
第四周	20 记单词+做阅读	21 记单词+练语法	22 记单词+练听力	23 记单词+练写作	24 记单词+练口语	25 记单词+模拟测试	26 记单词+练听力
第五周	27 记单词+做阅读	28 记单词+练语法	29 记单词+练写作	30 记单词+练听力	31 参加考试		

③制订周计划：你可以在每个星期日的晚上，把下周的任务列出来，制订一份类似下面这样的周计划表。

周计划表

202___年___月___日　学校：_____　班级：_____　姓名：_____

填写本周目标

本周目标

☑1. 参加作文比赛
□2.
□3.

填写具体任务

填写是否完成

星期一	星期二	星期三	星期四	星期五	星期六	星期日
☑阅读	☑观看演讲	☑找人探讨	☑试写练习	☑阅读	☑阅读	☑参加比赛
□	□	□	□	□	□	□
□	□	□	□	□	□	□
□	□	□	□	□	□	□
□	□	□	□	□	□	□
□	□	□	□	□	□	□
□	□	□	□	□	□	□

考前先"热身"，轻松复习获高分

对于学生而言，虽然考试已经成了家常便饭，但是依然有学生面对考试时，或是紧张，或是害怕恐惧，或是不自信等不能以最佳状态进行考试。那么，怎样正确面对考试，怎样在考试中取得高分呢？其实，考试是有技巧的，很多同学掌握的知识点并不比其他人少多少，学习态度也一样认真，可就是考试的成绩比别人低。不是因为我们不聪明，也不是因为别人太厉害，而是因为我们不了解其中的一些复习技巧。

1 回归课本，回归基础

首先，静下心来，认真复习基础知识、主干知识，对知识点进行认真梳理；其次，要重视课本上的例题。纵观考试，我们可以看到很多题目都是由例题的衍生变化而成。对待例题，我们要做到两点：掌握例题的标准解法；掌握例题考查的知识点。再次，总结课后习题考查的知识点，然后找出自己不熟悉或还没有掌握的知识点，进行认真复习，直至将这些知识点彻底地弄明白。

2 归类列表法

我们学到的知识通常是零散的，要想把它真正记牢，就必须进行加工整理，理清知识要点，从而形成一个完整的知识体系。常用的整理知识的方法是归类列表法。例如，把本学期学过的公式进行整理，把学过的各种汉字和词语分类整理等。

3 把握重点和难点

在对知识点进行梳理时应抓住重点和难点。对于重点应掌握牢固，反复练习；对于难点，我们则要努力攻破，一方面可以结合教材中的内容进行理解，另一方面通过请教老师和同学来解决这些难点。此外，我们还可以把平时作业中出现的错误，再进行一次分析，确保不再犯同样的错误。

4 "过电影"复习法

所谓"过电影"复习法，即每天睡觉前，静静地躺在床上，用大脑回忆当天学习的内容。比如，老师讲解的知识点，自己每节课学到了哪些知识，一点一点去回忆，如果有些内容回忆不起来，就在第二天再次复习这些知识。

心理学家发现，在脑子里"过电影"，是一种"试图回忆"的主动性思维，它能使大脑积极搜索已有的东西，这种搜取的过程本身就具有加深记忆的功效。在重温知识时，要尽量运用这种"试图回忆"的记忆方法。

5 真枪实弹的模拟考试

必须安排至少两次像模像样、真枪实弹的模拟考试。在规定时间之内，我们从头到尾做一下，看自己能否在规定时间内完成，以加强考试的时间意识。答题时要仔细，把它当作真正的考试，检验一下自己对基本阶段知识的掌握程度。

考生要在考场上真正发挥出自己的水平，除了认真复习功课外，还有一个诀窍就是要"稳"。即心态稳定，注意力集中，从容应对，本着"每分必争，分分积累，会做不错，敢解难题，坚持到底"的原则，争取最大的收获。

掌握了这些技巧，我们就不会在考试前手忙脚乱，就能够踏踏实实地静下心来一步步去复习。做好了考前的这些准备工作，我们就能够很轻松地获取高分了。

第四章

时间都去哪儿啦

什么东西在哈佛学生眼中最重要？答案是时间。他们认为时间是第一资源，与失去任何资源相比，失去时间是最痛苦的。

为何我做事总是拖拖拉拉

我每天都很磨蹭，闹钟定的时间是6：30，可是闹钟响了，特别不想起床，于是告诉自己再躺5分钟就起床。可是眨眼之间，5分钟就过去了，我觉得时间还够用，于是又躺了5分钟。最后终于起床了。可是已经6：40了，10分钟时间就这样被我浪费掉了。我也不想浪费，可是……

我总是比别人慢半拍，吃饭的时候慢慢吞吞的，穿衣服的时候也总喜欢磨磨蹭蹭，翻翻这件、试试那件；就连写作业的时间也是喜欢边写边玩。我怎么会这样啊，连我自己都嫌弃我自己了。

很多同学都有拖拉的习惯，我相信大多数同学在学习和生活中不止一次告诉自己"我马上去做"，可是这样的话重复了一遍又一遍，只要没有到期限，就觉得还是有时间，可是快到期限时，又很痛苦。

　　时间总是在不经意间溜走，但我们却很少在意。比如，有的同学喜欢睡懒觉。早晨赖在床上不起来，时间就在这种似睡非睡、迷迷糊糊的状态中溜走了。还有的同学写作业时，找书本用去5分钟，找铅笔用去3分钟，之后又找尺子、橡皮，等东西都找到了，20分钟过去了，这些时间如果没有浪费，恐怕作业已经做完了。还有做事磨蹭、发呆等，这些也是十分浪费时间的，时间就是这样无声无息地溜走了。

　　以上这些都是偷走我们时间的强盗，而对待这些"时间强盗"最好的办法就是：管理好时间。

管理好时间，努力提高效率

充分利用闲暇时间

闲暇时间也叫零碎时间，就像水珠，一颗颗水珠分散开来，这样的时间很短，往往被我们毫不在意地忽略掉。可是，零碎时间虽短，但若是一日、一月、一年地积累起来，总量也是很可观的，就像把分散的水珠集中起来，可以变成溪流，变成江河。

也许你会认为，利用有限的零碎时间读书，不会有很大的收获，就像微薄的薪水不能积蓄起巨额的财富一样。可是事实恰恰相反，大部分有成就的人都是能够利用点滴空闲时间学习的人。看似零碎的时间，他们却把它当作宝贝一样去珍惜和利用。

古往今来，一切有成就的学问家都是善于利用零碎时间的。

三国时，学者董遇因生计所迫，常年干农活和做小生意，白天没有时间学习，就利用"三余"时间（即冬闲、晚上、阴雨天）不能外出劳作的时候刻苦学习，日积月累，最后成为撰书立著的学问家。

我国著名数学家苏步青教授也经常利用零星的时间著书立说，他曾这样说道："我用的是零布头，做衣裳有整料固然好，没有整段时间，就尽量把零星时间利用起来，天天二三十分钟，加起来可观得很。"

英国数学家科尔利用近三年的全部星期天，攻克了一道两百年无人攻克的数学难题而轰动整个数学界。星期天，每个人都有，许多人并不珍惜它，但同样的星期天在科尔的眼里却无比珍贵，他把它充分地利用起来，从而使自己成了一位卓越的科学家。

可见，闲暇的时间里也蕴藏着伟大的力量，它足以使你成为不同寻常的人。千万不能小看这些短短的闲暇时间，也许一个人的人生成功与否就决定于你是否用好了自己的闲暇时间。

其实，在我们的日常生活中，有许多零星、片断的时间，如车站候车的三五分钟，课间休息的十多分钟，医院候诊的半个小时等。如果珍惜这些零碎的时间，把它们合理地安排到自己的学习中（我们可以利用较短的零星时间温习随身的单词卡片，复习课堂的内容，读一些短篇的文章或自己感兴趣的报刊，听外语广播讲座等），就可以聚沙成塔，并且能取得"零存整取"的效果。

曾经有人计算过，如果每天挤1小时业余时间来学习，从16岁到70岁，我们就可以学习2万个小时，若每小时读10页书，那么到老了就可以读20多万页，其厚度将有两层楼那么高。

永远记住：时间是人最大的财富，对时间的利用率越高，收获就越多，成功也就越大。

哈佛箴言

当"没有时间"成为我们无所作为的借口时，平庸就会伴随我们一生。如果我们总想用一块完整的时间去做一件事，那我们可能永远一事无成。

时间像海滩上的沙粒，要一点一点地抓取，积累很多的时候，我们才知道它的分量。

用所有的时间去做最有益的事情

有人说，哈佛人是钟表的奴隶。这句话不仅没有一点贬义的色彩，相反倒是淋漓尽致地展现了哈佛人珍惜时间的精神。对哈佛学子来说，时间就是一个能看见自己梦想的通道，珍惜时间，好好地利用时间，那么宏伟的梦想就会得以实现。

哈佛给新入学的学生上的第一堂课就是管理时间，它这样教育学生：应该用心跳来计算时间，珍惜一秒时间就有一分希望，珍惜一分时间就向理想靠近了一寸。

我们的生命是有限的，时间是每个人最珍贵的财富，它不能储存，不能倒转。它是构成生命长度的基本单位，它比金钱宝贵，所以节约了时间就等于延长了自己的生命。

有这样一个故事：一位流浪汉浪费了青春时期的美好时光，请求时光老人让他回到以前的少年时期，当时光老人同意了他的要求后，他依然像以前一样，不懂得珍惜时间，最后依然一事无成。

在我们的学习中，你知道哪些表现是在浪费时间吗？

下面我们来梳理一下：

不切实际地异想天开；
做事时不能专注投入；
缺乏整理，自己的东西东一件西一件，不容易找到；
书本拿出来了，不是为了学习，而是在纸上乱画乱写；
投入了太多的时间在游戏和聊天上；
常受到别人的打扰，无法沉下心学习或者做自己该做的事情；
……

对照上述的表现，看看自己有多少条被不幸戳中呢？明白了自己的时间浪费在哪些方面，就不要再像过去那样将时间浪费掉了，否则我们也会像上面的那个流浪汉一样一事无成。

菲·蔡·约翰逊曾经说过，时钟随着指针的移动嘀嗒在响，"秒"是雄赳赳气昂昂列队行进的兵士，"分"是士官，"小时"是带队冲锋陷阵的骁勇的军官，所以当你百无聊赖、胡思乱想的时候，请记住你的掌上有千军万马，你是他们的统帅。检阅他们时，你不妨问问自己——他们是否在战斗中发挥了最大的作用。因此，当我们能感受到自己的每一下心跳时，那就提醒自己要珍惜时间，努力把握好现在，这样才能让我们实现人生价值。

地球不曾为谁停止转动，一分钟的松懈意味着被千万人超越。在时间的大钟上，只有两个字——现在。因为昨天是一张作废的支票，明天是一张期票，而只有现在才是你唯一拥有的现金。如果放弃了现在，就等于失去了明天，也就会一事无成，所以作为青少年，我们一定要懂得珍惜和把握好今天，将今天的每一分一秒都当成生命的组成部分，要让它们发挥最大的功效。你需要明白的是，这一分一秒的时间可以成全你的想法，也可以让你的计划与理想付之一炬。

每个人都希望拥有一个光明的未来。谁都不想自己的一生碌碌无为，那就让我们珍惜现在，趁时间还没有离开我们，努力抓住它。

时间很残酷，过去了就永远不会再回来。所以，浪费时间是生命中最大的错误，也是最具毁灭性的力量，因为大量的机遇就蕴含在点点滴滴的时间当中。

分散精力是世界上最大的浪费

很多同学的书桌上放着各学科的复习资料，本来是要复习语文的，可一看到数学资料，顺手拿起来翻了翻，翻完后，就开始复习语文，复习了一会儿又被化学资料吸引了，于是拿起来又看了看化学。很多同学都有过这种经历，完全没有计划和想法，只是下意识地去做。不可否认，你都是在学习，没有浪费时间，可是最主要的事情却因此受到影响，结果导致效率很低。

我们的精力是有限的，把精力分散在好几件事情上，不是明智的选择，而是不切实际的考虑。因为，同时做几件事情，会导致哪件事情都做不好。只有专心致志地做好一件事，才能有所收益。

有人把勤奋比作成功之母，把灵感比作成功之父，认为只有把两者结合起来，才能得到成功，而专注是勤奋必不可少的伴侣，专注使人进入忘我境界，能保证头脑清醒。全神贯注，这正是深入地感受和加工信息的最佳生理和心理状态。

专注就是力量。专注的人从不惧怕失败，不惧怕批评；他们永远坚持目标，永不偏航，无论面对什么样的狂风暴雨都镇定自若。一个专注的人，能够把自己的时间、精力和智慧凝聚到所要做的事情上，最大限度地发挥积极性、主动性和创造性，努力实现自己的目标。他们在遇到诱惑、遭受挫折的时候，能够不为所动，能够把前进路上的绊脚石作为自己上升的阶梯。而缺乏专注精神的人，即使立下凌云壮志，也不会有大的收获，因为"欲多则心散，心散则志衰，志衰则思不达"。

专注本身并不神奇，只是控制注意力而已。一个人只要能够集中注意力，就能摒弃外界的一切干扰，专注地做好一件事，从而取得最终的成功。要做到这一点，就要有专一的目标，有坚持不懈的恒心。

对学习而言，专注更是具有重要的意义。专注可以让你攻克难解的习题，专注几分钟可以背会几个很重要的英语单词，专注一小时可以学会一个小节的内容，专注一天就能扫除许多学习的障碍，专注一个月就能使落后的学科追赶上来……相反，如果我们在学习上不专注，这山望着那山高，今天想当画家，明天想当音乐家，后天又想当军事家，最后只能当待在家里议论的"坐家"。不专注等于浪费时间，白花力气，到头来"空悲切"一场。

歌德曾这样劝告他的学生："一个人不能骑两匹马，骑上这匹，就要丢掉那匹，聪明人会把凡是分散精力的要求置之度外，只专心致志地学一门，学一门就要把它学好。"

世界上最大的浪费，就是把一个人宝贵的精力无谓地分散到许多不同的事情上。一个人的时间、能力、资源都是有限的，想要样样都精，门门都通，是很难办到的。如果你想在某个方面做出什么成就，就一定要牢记这条法则：不要分散自己的精力，专注于一个目标上。

哈佛箴言

注意力是打开我们心灵的门户，而且是唯一的门户。门开得越大，我们学到的东西就越多。而一旦注意力涣散了或无法集中，心灵的门户就关闭了，一切有用的知识信息都无法进入。

拖延是偷光阴的贼

大多数同学或许有过这样的经历，清晨闹钟将你从睡梦中惊醒，头脑中想着自己所制订的学习计划，同时却眷恋着被窝里的温暖，于是，一边不断地对自己说"该起床了"，一边又不断地给自己寻找借口……再等一会儿。于是，在忐忑不安之中又躺了5分钟，甚至10分钟……就像很多人经常挂在嘴边的话，"过一会儿，再过一会儿，再过一会儿……"我们总是会为自己计划很多东西，可是计划却总是被自己一再拖延。

时间在悄无声息地溜走。现代著名作家朱自清在散文《匆匆》中这样说道："燕子去了，有再来的时候；杨柳枯了，有再青的时候；桃花谢了，有再开的时候……"但时间呢？时间去了永远也回不来了。每一秒都在飞速流逝，走在青草上，飞在空气中……时间一去不复返。

习惯性的拖延者通常是制造借口与托词的专家。如果你存心拖延逃避，你就能找出很多理由来辩解为什么事情无法完成，而对事情应该完成的理由却想得少之又少。你可以为拖延找到各种原因，也可以拿任何事情作为借口，但可以肯定的是，拖拉不能使事情自动解决，无论是哪一种拖延，都只会把事情变得更糟糕。

为什么会拖延呢？

首先，缺乏时间观念

做事拖拉，总是不能按时完成作业的根本原因就是没有时间观念，认为反正时间那么多，晚做一会儿也没关系，或者是反正明天不上学，明天再做也来得及。缺乏时间观念使我们对时间的流逝没有任何感觉，于是在不知不觉中把时间白白浪费掉。我们对大人口中的"快一点儿"或"慢一点儿"也没有什么基本概念，对事情的认知取决于父母或老师的态度：如果父母和老师催促得急一点儿，就做得快一点儿；反之，则慢一点儿，直到拖到不能再拖的时候才着手去做。

其次，惰性

人的本性就是贪图安逸的，为了多玩一分钟，有些同学会给自己找出千千万万个不去写作业的理由，然后把本该今天完成的作业推到明天，明日复明日，就这样无限期地拖延下去。拖延有一个毛病，就是你一旦拖延，就容易再次拖延，直到积累成一种根深蒂固的恶习。今天要完成的作业，临睡觉也没有完成，于是告诉自己，明天再写也来得及。可是，明天又有新的作业，于是没有完成的作业越积越多，最终让你失去了兴趣，也失去了完成它的勇气。而这样做的结果就是再次拖延……如此便形成了恶性循环。

拖延一旦形成习惯，就会消磨人的意志，挥霍人的生命，使你对自己越来越失去信心，怀疑自己的毅力，怀疑自己的目标，甚至会使自己的性格变得犹豫不决。所以，除非你革除了拖延的坏习惯，否则你将难以取得任何成就。

最后，有畏难情绪

比如，学校留的练习有些多，家长又额外布置了任务，干完了这个还有那个，于是索性用拖拉、磨蹭这个手段，迫使爸爸妈妈不再给自己布置任务。

在哈佛学子看来，时间是最应该被珍惜的东西。他们通常会将时间看成成功的第一基础，认为世界上最不幸的事情就是失去时间，因此他们做事时讲究立刻行动，绝不拖延。

哈佛箴言

只知道等待明天的人，永远也无法将今天握在手里。因为你所等待的明天能够给予你的只有死亡和坟墓。

如何做到高效利用时间

每个人的时间和精力都是有限的，如果我们不能充分地加以利用，那将会是一个巨大的损失。而一个成功人士之所以能够成功，是因为他们总是为自己做好了计划，并且能够充分有效地利用时间。时间是价值的体现，要想有效地利用时间，就必须提高时间的利用率。

我们怎样才能高效利用时间呢?

第一，利用零碎时间。例如，放学晚走5分钟，利用5分钟时间读一篇英语短文，长期坚持，你的英语阅读能力将大大提高；边锻炼边听英语新闻广播，不仅锻炼了身体，而且练习了英语听力；乘坐交通工具时，随身携带一本书，随时随地翻阅。

第二，养成专注的习惯。养成专注的习惯是提高时间利用率的秘诀之一。主要表现在：在规定的时间内只做一件事，避免同一时间做多件不同的事情；避免分心，学习过程中要全神贯注，排除各种使你分心的因素；100%完成，一鼓作气，尽量不停顿，不中断，直到全部完成。

第三，把自己的时间安排得满满的，从而促使自己勤奋努力。这是充分利用时间的最好办法。假如给自己安排的事情不多，那么时间就没有被充分利用起来。

第四，时常进行自我潜意识的培养，以提高时间观的意识。坚持自我激励，不断提高做事的积极性和主动性，做事果断，严谨有序，从而确保在最短时间内使学习效率最大化。

第五，绝不拖延时间。拖延将带来无限制的恶性循环，因此从小要养成"今日事，今日毕"的习惯，各门功课要按时完成，不要拖延。

第六，提高时间的利用率。剔除浪费时间的活动，从而达到用尽量少的时间，完成尽量多的事情的目的。

第七，学会科学合理地使用时间。在自己精力旺盛的时间段里接受新知识和新思想，而在精神疲惫时学会适当地放松自己。

第八，训练自我时间观念意识，学会珍惜属于自己的一分一秒，同时进行阶段性的总结，检验时间是否合理、高效地被利用。

第九，让时间为目标服务。找到自己的目标，明确目标之后，我们就知道每天做事情的重点是什么，围绕核心目标分配时间，让时间为目标服务，就能最大限度地节约时间，提高学习和做事的效率。

做好了时间管理，我们一定要好好学习，好好实践对时间的管理。只有管理好时间，才能在有限的时间内将事情做好。

每一个成功者都是一个驾驭时间的高手，他们把时间当成上帝的一种恩赐，时间能够让他们延长生命的意义和价值。而每一个失败者都是时间的奴隶，时间让他们不断消极、堕落，最终走向灭亡。

青少年朋友总是充满理想与憧憬的，如果我们不能马上付诸行动，只是一味将所有的计划不断延迟，最终便会使自己的理想、计划和憧憬都毁于一旦。所以，请谨记：拒绝拖延，立刻、马上、现在就出发，你绝对不能落后于任何人。

怎样克服拖延这种恶习

为了能够克服拖延这种恶习，我们可以参考下面的一些技巧：

做一个日程安排表。它可以帮助你有效地规划每一天的生活。通常人们喜欢拖延的主要原因是没有一个很好的计划表。因为你很容易就忘记自己要干什么，而计划表可以让你对自己的行为负责，不会迷失目标方向。

将自己的想法写下来，动手去做。我们都有思路卡壳的时候，如果思路堵塞的时间太长，就容易拖拉。没有想法可能会让自己停滞不前，但想法太多也会让自己停滞。所以，面对任务，你要做的是，有了想法就要写下来。然后，从中选择一个自己认为切合实际，不是很难但又有点挑战性的想法去执行。

学会分解任务，一点一点去做。有些目标，乍一看，仿佛很难实现，或者是需要很大的努力，结果你畏惧困难，最后什么也没有做成。面对似乎很难实现的目标，不要气馁，不妨分解任务。你可以尝试把大的任务分解成小任务，然后逐一做完即可。

剔除分散注意力的东西。养成整理的好习惯，书桌上尽量只摆放当下复习的书籍。在完成既定计划的过程中，任何插进来的事情都会打乱自己的计划，所以尽量将这类事情先放到一边。有必要的话，可以专门安排时间单独做这些事情。

给自己一个最终期限。要给任何事情，哪怕是小事情，设定一个完成的期限。各门功课要按时完成，不要拖延。在哈佛的课堂上，我们常常听到教授慷慨激昂地对学生们说道："只知道等待明天的人，永远也无法将今天握在手里。因为你所等待的明天能够给予你的只有死亡和坟墓。"哈佛学子将这样的理念落实到了学习与生活之中，他们懂得"今日事，今日毕"，而不是将今天的事情拖延到明日。

第 五 章

管住自己，才能驾驭世界

哈佛学子会经常检查自己，对自己的言行进行反省，然后及时纠正错误，改正缺点。这正是严于律己的表现。没有人能够随随便便成功，成功来自彻底的自我管理和毅力。

对话哈佛

明知不对，可为什么总是管不住自己

> 进入互联网时代，现在很多孩子接触了网络游戏，刚开始都是抱着玩玩的心态让自己放松一下，谁知这一玩，就不知不觉上了瘾。每次玩的时候，都告诉自己就玩半个小时。可是半个小时很快过去了，玩得兴致正高，于是跟自己说再玩十分钟，十分钟又过去了，依然不想放下手机。明知这样不对，却总是管不住自己，到底该怎么办呢？

　　在现实生活中，有相当一部分学生由于自控能力差，自律性不强，沉迷于上网，不能自拔，荒废学业；有的学生被漫画和所谓的青春小说所吸引，无暇顾及学习；有的学生学习动机太强，急于求成，从而产生焦虑和紧张的情绪；还有的学生容易冲动，意气用事……这部分学生缺乏最起码的自制、自律和自我调节能力，久而久之，对自己的学习毫无进取心，甚至出现了厌学现象。

哈佛学子会经常检查自己，对自己的言行进行反省，然后及时纠正错误，改正缺点。这正是严于律己的表现。无论在学习、生活还是社会交往中，我们都要具备一定的自律能力，因为自律是形成一切良好心理品质的根本保障。

　　没有人能够随随便便成功，成功来自彻底的自我管理和毅力。只有很好地控制自己的情绪，抵制不良诱惑，才能成就非凡的自己。

管理好情绪才能管理好人生

和不良情绪说"拜拜"

　　现在，我们经常会听到有同学说"人生真没意思""好郁闷""好无聊""不想学习"之类的消极话语；也不时会从电视或者报纸上看到有中学生不堪学习压力而自杀；更有甚者，有学生在课堂上对老师或同学拔刀相向……进入青春期的我们，好像有个情绪"发病期"，每隔一段时间，就会莫名其妙地低落，情绪也呈现出了极端性和波动性、反差性和封闭性、延续性和感染性、冲动性和暴发性并存的特点。

　　美国密西根大学的心理学家南迪·内森的一项研究发现表明，一般人的一生平均有3/10的时间处于情绪不佳的状态。消极的情绪对人的心理健康是不利的。它会减弱人的体力与精力，让人在活动中容易感到劳累，精力不足，对什么事情都没有兴趣，思维迟钝，判断能力下降。同时，消极的情绪还会降低人的自控能力，遇事易冲动、不理智，常会做出一些令自己后悔的事。

有一个小男孩，脾气很坏，为了改变他的坏脾气，小男孩的父亲给了他一袋钉子，并且告诉他，每次发脾气或者跟别人吵架以后，就在院子的篱笆上钉一颗钉子。

第一天，这个男孩钉下了40颗钉子。慢慢地，男孩学会了控制自己的情绪，不再乱发脾气，所以每天钉下的钉子数也跟着减少了。在这个过程中，他发现控制自己的脾气比钉下那些钉子来得容易一些。终于有一天，他不再往篱笆上钉钉子了。

他高兴地跑去告诉自己的父亲。父亲欣慰地说："从今天开始，每当你能控制住自己的脾气的时候，就拔出一颗钉子。"

日子一天天过去了，最后篱笆上的钉子被全部拔光了。父亲牵着他的手来到后院，对他说："孩子，你做得很好。但看看那些篱笆上的坑坑洞洞，它们将永远不能回到从前的样子了，当你生气时所说的话就像这些钉子一样，会留下很难弥补的疤痕，有些是难以磨灭的呀！"从此，男孩终于懂得管理情绪的重要性了。

故事中的小男孩终究没有被自己的坏脾气所俘虏，而是通过在篱笆上钉钉子的方式战胜了它，并认识到控制情绪的重要性。

同样，那些哈佛精英们绝不会因为生活中的一些琐事而让自己变得烦躁不安，他们能够控制自己的情绪，因此他们获得了成功。

所以说，成功最大的敌人不是没有机会，也不是自己的资历尚浅，而是对自己的情绪控制不够。

明白了这一点，我们就可以在自己心情不好的时候，控制住自己的怒火，在意志消沉的时候，给自己打打气，正确驾驭坏情绪。

哈佛大学曾调查了1600名心脏病患者，发现他们的焦虑、抑郁、脾气暴躁等情绪比普通人高出3倍。因此，我们要想办法控制自己的情绪，让自己少发脾气。

面对自己的不良情绪，我们需要做的是不能让自己成为情绪的奴隶，尤其是不能让那些坏情绪左右我们的生活。

人生犹如波涛起伏的海洋，我们就是那航海的船，情绪则是那船上的帆，只有适时地调整帆的方向，学会控制自己的情绪，才能把握好人生的航向。

哈佛箴言

心若改变，你的态度就会跟着改变；态度改变，你的习惯就会跟着改变；习惯改变，你的性格就会跟着改变；性格改变，你的人生就会跟着改变。

冲动是魔鬼

面对学习和生活中的"绊脚石"，同学们难免会产生各种各样的消极情绪，其中冲动情绪是最普遍也是最"致命"的。人们常说"冲动是魔鬼"，在冲动情绪的支配下，大家的想法和行为难以自控，这样在伤己的同时也极易伤害他人。冲动情绪通常有两种表现形式：情绪化反应和情绪化回避。存在情绪化反应的人习惯于将喜怒哀乐写在脸上，而存在情绪化回避的人总是逃避那些让人感觉不舒服的感觉和情境。

当我们的理性被情绪压制的时候，就会冲动起来。这时我们的情绪忽然爆发，而我们的大脑仿佛被瞬间"关闭"了。所以，有时候人会克制不住自己的愤怒情绪，做出一些冲动的事。

有一个人终于得到了那把他梦寐以求的独一无二的珍贵茶壶，于是当作至宝，爱不释手，日夜抱着入睡。

一天晚上，他一不小心，把茶壶的壶盖打翻在了地上。突然惊醒后，发现壶盖没了，于是，他立刻四处寻找，可就是找不见。他想，壶盖掉到地上肯定摔碎了。

他又急又恨，不停地抱怨自己，早知道就不抱着睡觉了，现在壶盖都碎了，要个壶身有什么用？他越想越气，于是一冲动，便愤怒地将壶身扔出了窗外。

天亮了以后，他穿鞋的时候发现，壶盖原来是掉到了鞋里，并没有损坏，他再次愤怒了，壶身都扔了，要个壶盖有什么用？冲动之下他用力地将壶盖扔到地上摔了个粉碎。

然而，当他出门干活的时候，却抬眼发现，昨晚扔出去的壶身被树枝钩住了，仍然完好无损地挂在树上……

很多人都无法控制冲动的情绪，而做出使自己后悔不已的事情来，因此，我们应该采取一些积极有效的措施来控制自己冲动的情绪。冲动的时候，应当用理智告诉自己冷静下来，迅速地分析事情的前因后果，尽量使自己不陷入冲动鲁莽、简单轻率的被动局面。要对自己说："我现在是不清醒的，一定不能乱讲话或者做一些过分的举动。"

面对很多事情，不要着急，不要妄下结论，先等一等，看一看，缓一缓，想一想，情绪稳定冷静思考后再去做决定，你以为的有时候并不是你以为的，千万不要因为瞬间的冲动而做出后悔莫及的事情。

📎 哈佛箴言

培根说："冲动就像地雷，碰到任何东西都一同毁灭。"如果你不注意培养自己冷静平和的性情，一旦碰到不如意的事很容易就会暴跳如雷，情绪失控。

自制力是日常行为的一把保险锁

自制力是日常行为的一把保险锁，它要求我们用理性来平衡自己的情绪，接受理性的指引，管住自己的言行和举止。

自制力强的人，能够理智地对待周围发生的事件，有意识地控制自己的思想感情，约束自己的行为，成为驾驭自己的主人。自制力薄弱的人，遇事不冷静，不能控制情绪，处理问题不顾后果，任性而冒失。

美国西点军校著名教官约翰中将曾经说过这样一句话：要想征服世界，首先要学会控制自己。世界上最难征服的就是我们自己，只有战胜自己，克服我们人性的弱点，才能成就大事。

一位心理学家曾经做过一个试验，他把一些4岁左右的孩子带到一个小房间里，发给他们每人一颗软糖，告诉他们，这些糖果他们可以随时吃，但是如果马上吃，就只能吃一颗软糖；如果等到20分钟后再吃，就会有一颗同样的软糖作为奖励。

心理学家的话刚刚说完，有的孩子就立即剥除糖纸，将软糖送进了嘴里；有的孩子坚持了几分钟，但最终没有忍受住软糖的诱惑，吃下了它；有些孩子则耐心等待，准备20分钟后再吃软糖，他们为了抵挡诱惑，或闭上眼睛不看软糖，或拿出一本图画书看起来……20分钟后，这些孩子吃到了两颗软糖。

后来，心理学家继续跟踪参加实验的这些孩子们，直到他们进入社会。最后研究的结果显示，那些能自制并最后吃到两颗软糖的孩子，具有很强的自我控制能力，能够为了更远大的目标而暂时牺牲眼前利益，社会适应能力很强；而那些只吃了一颗软糖的孩子，自我控制能力很差，在青少年时期表现比较固执、虚荣或优柔寡断，如果欲望得不到满足，就无法静下心来继续做后面的事情。很明显，善于自我控制的孩子的成功率远远大于不能自我控制的孩子。

哈佛箴言

我们必须学会容忍和控制，感情必须服从于理性的判断，只有这样，我们的人生才会紧紧掌握在自己手中。

养成自律的习惯

在我们的生活中，大多数同学不能自律的主要表现是经常迟到，他们总想着这次不会被老师发现，下次也一定很幸运，甚至认为迟到无非就是挨一顿批评；不主动完成老师布置的作业，只要老师不检查，就不做作业或者马虎应对，甚至有的同学把心思花在琢磨老师检查作业的方式和规律上，用逃避或者抄袭作业的办法来应对检查；还有一部分学生在学习上无法自己调控情绪，导致学习成绩下降，陷入消极的循环。他们将自己努力后的失败归因于自身的能力缺陷，从而强迫自己继续学习。其实这同样是一种自律的缺失。

如果我们总在一种被动的环境下学习和生活，是很难进步的，也很难真正理解制定这些要求的意义和重要性。如果我们能够自我约束，变被动为主动，对我们自身的成长将有很大的帮助。

不管一个人的天赋有多好，如果他不能自律，就绝不可能把自己的潜能发挥到极致。所以在哈佛的课堂上，经常会听到老师强调"自律"，甚至他们还会把自律作为考查学生的一门功课。

哈佛大学的每一个学生都知道，自制力对于一个人成功的重要性。因为他们迟早会毕业，每一个学生都会进入社会，融入团队，将来更会成为某一团队的领导人，所以只有先自制才能制人。

所以，在现代社会里，谁能把握自己的情感，控制自己的情绪，谁就是生活的强者，就能达到别人达不到的高度。自律是生命的一个过程，它能让你很好地控制自己的情绪，抵制不良诱惑。

青少年时期，是人的生长时期，也是塑造良好心理品质，培养健康人格和高尚道德情操的关键时期，所以我们既要努力学习科学文化知识，又要加强自身的修养，养成自律的习惯。

如果你要变得更加强大，那么必须要把握好生命中的每一分钟，不断和自己赛跑，不断超越自我。或许，比前一秒的强，比前一分钟的强，比前一个小时的强，比前一天的强都是悄悄积累的过程，自己暂时无法发觉，但是坚持下去，总有一天你会发现自己的成长。

想象一下，你该怎样不受其他任何事物影响地去实现自己既定目标的愿望。试着对自己说："你超重了，该减掉10斤肥肉。"若你不能自律，这个目标永远也达不到。但如果你能够自我约束，对自己要求严格一点儿，时间长了，自律便成为一种习惯，坚持做下去，这个目标就一定能实现。

毕达哥拉斯说："不能约束自己的人不能称他为自由的人。"自律并不是让一大堆规章制度来层层地束缚自己，而是用自律的行动创造一种井然的秩序，来为我们的学习生活争取更大的自由。

哈佛箴言

自律行为跟顽强的意志力是分不开的，没有顽强意志力的支撑，自律只是一纸空文。如果你有了自律的意识，就要有自律所要求的行为，将内心的意识变为行动。

哈佛教你怎么做

如何处理自己的情绪

控制自己的坏情绪

在坏情绪到来时，我们不妨试试下面几种方法：

1 培养自己乐观的生活态度

乐观的态度往往会产生积极的情绪，所以，在生活中，无论遇到什么困难和挫折，都要以乐观、积极的态度去面对，从而勇敢地面对现实，努力进取，对前途充满信心和希望。

转移注意力。即把注意力从引起不良情绪的事情转移到其他事情上，比如，可以通过游戏、打球、下棋、听音乐、看电影、读书等正当而有意义的活动，使自己从消极情绪中解脱出来，从而激发积极、愉快的情绪反应。

2 要善于理智地控制自己

青少年的种种要求和愿望都应符合社会道德和规范，否则就要用理智打消不良念头，不能苛求社会与他人满足自己的一切愿望。这样做对维持心理平衡，培养健康情绪有好处。

3 要合理地发泄积存在心中的不良情绪

合理发泄情绪是指在适当的场合，用适当的方式，来排解心中的不良情绪，发泄可以防止不良情绪对人体的危害。比如，在适当的地方和适当的时间喊一喊，跺跺脚，甚至痛痛快快地哭一场……将内心的积郁发泄出来。待雨过天晴，你会发现世界还是那么美好。

遇事三思而后行，杜绝冲动

"三思而后行"并不是胆小怕事，瞻前顾后，而是一种成熟、负责的表现，是一剂克服冲动的最佳良药。

在发生问题时，我们首先要做到沉着镇静，而不是急于采取行动。生活中总有部分人在遇事时不耐烦地催促赶快采取行动，因为他们总是担心，如果不赶快采取行动就来不及了。其实，越是匆忙就越容易出差错。如果事先没有考虑好，反而会耽误处理问题的时间。

俗话说"磨刀不误砍柴工"。先把刀磨快了，看起来耽误了工夫，但是在砍柴的时候由于刀口锋利，所以砍得快，反而节省了时间。解决问题也是这样，如果事先花时间研究，制定出多种解决问题的方案，然后反复比较，从中选出最佳的方案，这样就能又快又好地将问题解决好。

要做到三思而后行，可以参考以下方法：

1 确定目标法

做事情之前，先要思考做事的目的，避免行动的盲目性。如果对行为的目的始终非常明确，可以把注意力集中到如何解决问题上，找到解决问题的方法。

2 剔除成见法

不要戴有色眼镜去观察事物，做出判断之前不要带有成见。这种思维方法能够使你客观地认识世界，不受头脑中的定式所左右。

3 博采广选法

我们每做一个决定，需要对自己的决定负责。对于每件事情的发生，我们需要从多方面、不同角度思考，搜集信息，分析问题，想出多种解决方案，然后从中筛选出最佳方案。

4 设身处地法

在同一件事情上，和他人发生分歧时，如果能设身处地站在对方的角度去考虑问题，也许可以打破僵局，使问题得到妥善解决。

5 面面俱到法

在做出决定之前，要确切地看清所考虑问题的任何细节，不要有所遗漏与忽视，否则就会影响事情的最终结果。

提高自己的自律能力

1 自我认识

必须确定自己的目标和价值。这需要你进行冷静的自我分析，并将自己的目标、梦想和抱负用笔写下来，最好写上实施的计划。这个计划能够让自己更好地认识自我。

2 正确思考

如果不开动脑筋，就不可能把事情做好。如果你始终让大脑保持活跃，经常考虑富有挑战性的问题，不断思索需要认真对待的事情，你就能培养起有规律的思维习惯，这对于控制你的个人行为将会很有帮助。

3 向你的借口挑战

如果想培养自律的生活方式，首先就要破除找借口的倾向。如果你有几个令自己无法自律的理由，那么你要认清它们只不过是一堆借口罢了。如果你想成为更有成效的领袖，就必须向你的借口提出挑战。

4 要从小事做起

自古以来，律己的人都是注重小节的，他们明白"千里之堤，溃于蚁穴"的道理。如果任由小的陋习发展，不加以控制，那么它就会像滚雪球一样越滚越大，最终造成严重的后果。

5 要有顽强的意志力

自律和意志力是紧密相连的，意志力薄弱者，自律能力较差；意志力强者，自律能力较强。加强自律也就是磨炼意志的过程。

6 要有自律的行动

自律是在行动中形成的，也只能在行动中体现，贯彻实施。仅仅把目标和价值写下来还远远不够，我们决心去做了，就要去不遗余力地贯彻执行，除此之外，再没有别的途径。做好自律，我们不仅收获的是一个好习惯，而且更重要的是它能展示我们的成功。

除此之外，我们还要经常反思。"君子博学而日参省乎已，则知明而行无过矣"。只有经常反省自己的过失，才会不断积累经验，更加严格要求自己。

　　自律的养成不是一朝一夕的事情，它需要一个长期的过程。因此，要自律首先就得勇敢面对来自各方面的一次次对自我的挑战，不要轻易地放纵自己，哪怕它只是一件微不足道的事情。坚持下去，不久的将来，你也能成为一个自律的人。

第六章

挫折是一种祝福

　　生活有时会违反常规，许多时候，美好的生活会变成一道减法题，一点点减去你的意志和雄心，而磨难却变成一道加法题，不断加上你的梦想、努力和汗水，累积起来，你就能够接近成功。

挫折面前，我该怎么办

> 我的兴趣极为广泛，报过很多兴趣班，有钢琴班、绘画班、书法班、象棋班……可是，很难有一个坚持到底的，都是在学习的过程中一遇到困难就知难而退，放弃了。做事不能做到底，遇到困难就退却，这可怎么办呢？

挫折是通往成功彼岸的巨浪，谁也躲不过，既然每个人都要经历，为什么不勇敢地面对呢？面对困难，不试一下，怎么知道就一定战胜不了？

挫折并不可怕，可怕的是，经历了挫折却不知道总结挫折的教训，暂时的挫折不应该是消沉的原因，而应该是继续奋斗的起点。逃避挫折是解决不了问题的，最好的办法就是与挫折相处，勇敢地面对和接受它，并从挫折中吸取人生的经验和教训，从而使自己在不断经历和克服挫折的过程中逐渐成长、壮大，直至走向成功。

哈佛大学的图书馆墙上列有20条催人奋进的训言，其中有一句："Please enjoy the pain whith is unable to avoid"，即"请享受无法回避的痛苦"。磨难和挫折是一个人成长的助推器，没有经过困难和磨难，就很难感受到成功的喜悦，没有经历苦难，再好的日子也不知道叫"幸福"。所以，在挫折面前，多一些耐性和坚持，我们就能听见成功的脚步声。

即使在失败中，也孕育着成功的机会

从失败中分析原因，吸取教训，完善自己

人生之路，从来都不会是一帆风顺的。希望大海风平浪静，却常常有狂风和巨浪；希望江河一泻千里，却常常有漩涡和急流；希望生活美满幸福，却常常有烦恼和忧愁。生活中，逆境和失意会经常伴随着我们，但人性的光辉往往在不如意中才显示出来。就像一颗珍珠，想要闪亮，想要出众，必须得经过许许多多的打磨。

失败对人们的影响无外乎有两种：第一是使人们因为受到挑战而更加努力；第二是使人们灰心丧气，从此一蹶不振。

倘若我们在失败时浑浑噩噩，一蹶不振，只会失意又丧志，最后亲手葬送自己的前程。相反，如果我们能够从中分析原因，吸取教训，完善自己，避免今后再走相同的或相似的弯路，就会在失败中寻找希望，用冷静和智慧寻找机遇。

面对失败，你要清楚，一次的失败并不代表终身的失败，哪怕从未获得过成功，你依然不应该畏惧失败。在失败时你只要奋勇前进，就有希望获得成功。

其实，很多时候，即使在失败中，也孕育着成功的机会，关键在于你能不能灵活思考，及时发现，努力把握。

美国曾对1000名富翁做了抽样调查，结果发现，他们大都出生在普通人的家庭，甚至有一部分人的少年时期是在贫民区度过的。事实证明，生活中，通常情况下，人们最出色的成绩往往都是由于身处逆境而做出的，思想上的压力甚至肉体上的痛苦，都可能成为精神上的兴奋剂。

大海因为有了狂风的袭击，才显示出了其顽强的生命力，它把狂风化成了朵朵浪花，给人们带来美丽；苍鹰因为有了暴风雨的洗礼，才展示出它坚强的毅力，它把暴风雨化成了它搏击风雨的翅膀，带给自己矫健的英姿。而作为学生的我们该怎样去面对生活和学习中的失败呢？知识的海洋从来不是风平浪静的，要想获得真知，就必须扬起奋发的风帆，挖掘自己的巨大潜力，奋勇拼搏，信心十足地去干。也只有这样，才能走出困境，才能领略到知识的芬芳，迎来"梅花扑鼻香"的丰硕成果。

失败并不可怕，可怕的是你没有认识到失败本身蕴含着无尽的契机。挫折教你理智，让你冷静地思考，重新认识和审视过去，正视今天，规划未来；挫折教你选择，让你勇敢地放弃过时的或不适合的，选择适时的、适合的；挫折教你在失望中重新确定自己的方向、目标和道路，争取成功或新的成功……

挫折是上天给你的恩赐，是社会、集体因素和你众多思想和行为的综合促成的一种必然结果，是你人生必须缴纳的一笔学费。在缴纳这笔学费后，你的人生才能获得暂时顺利的通行证。

哈佛箴言

未经历坎坷、泥泞的艰难，哪能知道阳光大道的可贵；未经历风雪交加的黑夜，哪能体会到风和日丽的可爱；未经历挫折和磨难的考验，哪能体会到胜利和成功的喜悦。

困难是个纸老虎，你还怕什么

孟子曾经说过这样一句话："故天将降大任于是人也，必先苦其心志，劳其筋骨，饿其体肤，空乏其身，行拂乱其所为，所以动心忍性，曾益其所不能。"就是说，做任何事情要想获得成功，必须得付出代价，而遇到困难和失败是所付出的代价的一部分。

作为学生，在一般情况下，我们不怕困难，但倘若遇到太多的困难，比如，学习上遇到比较大的"拦路虎"，生活中遇到非常不顺心的事情等，往往不敢正视现实，不敢迎难而上。

阿蜜莉雅对父亲抱怨说，她的生活糟糕透了，事事都那么艰难。她已经疲于应付，她厌倦了抗争和奋斗，于是开始自暴自弃。

一天，正在做饭的父亲把女儿叫进厨房。

他先往三口锅里分别倒入一些水，然后把它们全都放在旺火上烧。不久锅里的水烧开了。他向一口锅里放入几片胡萝卜，第二口锅里放入鸡蛋，最后一口锅里放入咖啡粉。他只顾低头干这些事情，一句话也没对女儿说。

大约20分钟后，父亲把火关闭，将胡萝卜、鸡蛋捞出来，分别放入两个碗里，然后又把咖啡舀到一个杯子里。他问女儿："亲爱的，你看见什么了？"

"胡萝卜、鸡蛋和咖啡。"她有些懒得回答。

他让她靠近些并让她用手摸摸胡萝卜。

她摸了摸，注意到它们变软了。

父亲又让女儿把鸡蛋打破。

被剥掉壳后的鸡蛋静静地立在桌子上。

最后，他让她品尝了咖啡。

喝着香浓的咖啡，女儿笑了，但对父亲的意图还是迷惑不解。

父亲解释说，这三样东西面临同样的逆境——煮沸的开水，但其反应各不相同。胡萝卜入锅之前是强壮的、结实的，毫不示弱，但进入开水之后，它变软了，变弱了；鸡蛋原来是易碎的，它薄薄的外壳保护着它呈液体的内脏，但是经开水一煮，它的内脏变硬了；而咖啡粉则很独特，它们没有被水改变，反倒改变了水。

"哪个是你呢?"他问女儿,"当逆境找上门来时,你该如何反应?你是做胡萝卜、鸡蛋,还是咖啡粉?"

成功者与失败者之间最大的差别在于面对困难的态度。困难来了,成功者将其看作奋起的契机,磨炼意志的动力,勇往直前,把它踩在脚下;失败者怨天尤人,情绪低落,被困难所阻挡,无法达到成功的彼岸。

高尔基说:"我觉得奋不顾身的精神能克服任何障碍,能在世界上创造任何奇迹。"如果你是一个害怕困难的人,如果你想具有勇敢面对困难的态度,那么请记住歌德的名言:"你若失去了财产——你只失去了一点儿;你若失去了荣誉——你就失掉了许多;你若失去了勇敢——你就把一切都失去了!"

只有在生活的征途上不畏险阻,不怕困难的斗士才能享受到成功的喜悦。同学们,你们准备好了吗?

哈佛箴言

困难与折磨对于人来说,是一把打向坯料的锤,打掉的应是脆弱的铁屑,锻成的将是锋利的钢刀。

踩着失败这道坎登高

人生就是一条漫长的旅途。有平坦的大道，也有崎岖的小路；有灿烂的鲜花，也有密布的荆棘。每个人都会遭遇失败，而生命的价值也正在于此，即闯过挫折，冲出坎坷！没有哪个人的一生是风平浪静的，在人生的海洋中遨游，不经历风浪，怎么会有所作为呢？如果一个人连接受挫折的勇气都没有，他也就失去了人生的意义。

古往今来，许多成功的人脚下踩着的都是失败与挫折。正是因为他们不愿意被失败绊倒，所以才在挫折中成就了不平凡的事业。

是挫折，使他们平静的理想之湖激荡起壮美的浪花；还是挫折，使他们和缓的心灵之曲奏鸣出雄壮的旋律。

挫折不等于失败，只要你勇敢地跨过这道坎，就会看到一片灿烂的天空；只要你坚持不懈地走下去，必将看见光明灿烂的太阳，广阔碧蓝的天空。

德国天文学家开普勒出生在一个贫民家庭，从童年开始，他的人生便多灾多难。他是一个早产儿，在母腹中只待了七个月就来到了人间，因此出生后，他的体质一直很差。四岁的时候，他患上了天花和猩红热，天花把他变成了麻子，猩红热又弄坏了他的眼睛。他的身体受到了严重的摧残，视力衰弱，一只手半残。

面对这些磨难，他没有消沉，而是凭着顽强、坚毅的心态发愤读书，学习成绩一直名列前茅。后来因父亲欠债使他失去了读书的机会，但他并没有放弃学习，他一边自学，一边研究天文学。在以后的生活中，他又经历了多病、良师去世、妻子去世等一连串的打击，但他仍未停下对天文学的研究，终于凭借发现了天体运行的三大定律，赢得了"天空立法者"的美名。

开普勒把遭遇的一切不幸都化作了推动自己前进的动力，以惊人的毅力，摘取了科学的桂冠。

挫折就像夏日的暴雨，瞬间就会来临；就像海上的风浪，转眼就会扑向你的风帆。然而，正如巴尔扎克所说："苦难是人生的一块垫脚石，对于强者是笔财富，对于弱者却是万丈深渊。"而对于遭遇挫折的青少年来说，只有接受风雨的洗礼和磨炼，才能把一次次的失败与挫折化为我们前进的动力，在人生路上照亮自己。

人生的路不是平坦的，有着无尽的挫折和坎坷在考验着你，打磨着你的灵魂。不过，不遇到岛屿与暗礁，就难以激起美丽的浪花。也正因有了失败与挫折的光临，才真正诠释了人生的意义。

因此，青少年朋友需要记住的是：一时的失败并不意味着你比别人差，也不意味着你永远不会成功，更不意味着你已经到了人生的终点。凡事都要坚持才会成功。只要你敢于正视失败，敢于拼搏，你一定会采摘到成功的鲜花。

温室的花朵，一移到室外，经受不了风雨立刻香消玉殒，所以青少年需要的是接受磨炼，需要的是经受苦难。失败了不要紧，重要的是你从失败中学到了什么。

坚持就是胜利

对学习来讲，坚持就是胜利，胜利了还要继续坚持。你要时刻告诉自己：无论怎么坚持，我都可能失败；但无论怎么失败，我都始终要坚持。在你最痛苦、感到最没有希望的时候，鼓励自己坚持下去，直到实现成绩的阶段性突破。

给挫折一个微笑，用平和的心境、正确的态度来迎接它，用理性的思维、缜密的逻辑来破译它，用细腻的心思、敏捷的反应来总结它。坚持不懈地走下去，你就能战胜挫折，享受风雨之后彩虹的美丽。

此外，哈佛告诉学生坚持不懈不等于固执，更不是"钻牛角尖"，比如，你明明知道做这件事是不对的，当别人给你指出来的时候，你还是坚持自己的想法，这不是最愚蠢的"明知故犯"吗？面对挫折，需要坚持不懈的事情应该是合理的、正确的。只有在挫折面前坚持不懈，我们才有更多的机会学到新的知识。

　　"自信人生二百年，会当击水三千里"。之所以有的人走得远，因为他们看得高；之所以有人走得宽，因为他们做得多。前方没有坦途，征程总有险峰。挫折并不可怕，可怕的是你在挫折面前望而却步、停滞不前。我们要做的是勇敢地冲破障碍，向前跋涉。没有永久的失败，只有不断地挑战。在挑战中征服困难，增加勇气，超越自我，取得成功。

哈佛箴言

　　思想懦弱的人，常被灾难屈服；思想伟大的人，则往往趁机兴起。

如何战胜挫折

人生的路途不可能总是一帆风顺的，挫折和失败也是人生的一部分。古今中外的历史上一帆风顺而又有大成就的人实在少见。真正出类拔萃的人，大多数都是那些历尽艰辛，在挫折中磨炼出坚强意志，在逆境中不懈奋斗的人。

对每个人来说，挫折都是难以避免的，因此我们要提高对挫折的适应能力，战胜挫折是每一个人生存和发展的必需品。

挫折有时会使人精神不振，缺乏勇气，不敢面对现实，因此我们必须战胜它，使之成为成功的动力。那我们该如何战胜挫折呢？

1 正确对待挫折，保持心态平衡

心态要冷静平稳，找出问题的原因，然后循序渐进，一个个地消除。比如，某次考试没有考好，不要只顾着伤心难过，这时你最需要做的是分析考试失败的原因。如果是因为考试前自己没有做充分的准备，那下次考试前，做好充分的准备就是了；如果自己也尽了最大努力，但是还有不会做的题而让自己考试失败，就不要用"我真笨"来否定自己。我们可以请教老师或者同学，把不会做的题目弄明白，这就是收获。

2 增强自己的能力，以增强自信

经常保持自信和乐观的态度。要认识到正是挫折和教训，才使我们变得聪明和成熟，正是因为失败才最终造就了成功。我们知道每个人都不可避免地会遭遇困难和挫折，这无疑是对自己自信心的打击，所以在平时我们要有意识地加强自己的能力，尽可能地挖掘自己的潜能，为日后的成功打下良好基础。而每次成功的体验，都是对自己信心的加强，这样我们就有勇气尝试更大的挑战，锻炼和提高自己的能力，久而久之形成一个良性循环。以后再面对困难和挫折时就会无所畏惧。

3 学会宣泄，摆脱压力

宣泄是指心情烦躁，理智控制不了自己时，可找老师、家长或好朋友，把心里的话全部倾吐出来。获取别人的理解和同情，以解脱或减轻自己的烦恼。从心理健康的角度而言，宣泄可以消除因挫折而带来的精神压力，可以减轻精神疲劳。

4 必要时求助于心理咨询机构

心理咨询机构提供多种形式的咨询服务，优化人们的心理素质，提高人们的心理健康水平，预防矫治各类心理疾病，以促进人们的身心全面发展。心理医生会对你晓之以理，动之以情，循循善诱，使你从"山重水复疑无路"的困境中，步入"柳暗花明又一村"的境界。

5 增强自己的心理耐挫力

也就是说，当我们遇到挫折时，能积极主动地摆脱困境并使心理和行为免于失常的能力。积极的心理耐受力源于心理韧性，即我们要认准并长期坚持向这一目标努力，最终克服障碍达到所期望的目标。比如，有的同学由于学习上的频繁受挫，可能会加剧对学习的担忧，从而怀疑自己的能力，丧失了学习的信心，放弃了追求的目标，进而产生逃避学习的心理倾向。这样的想法只能让自己的学习直线下降。所以，对于这样的困难我们既不必害怕，也不必回避，而是要改变原有的思维模式，解除自我设限，相信一切困难都是纸老虎，以积极的态度勇敢地迎难而上，在征服困难的过程中，增强对挫折的心理承受力。只要能从容地面对它，自信地战胜它，成功就离我们很近了。

6 情绪转移，寻求升华

遇到挫折时，可以通过自己喜爱的写作、集邮、音乐、舞蹈、体育锻炼等方式，使情绪得以调适，把挫折看成前进的力量，并将其升华到干一番大事业上来。

尽管一个人遭受挫折的打击是不幸的，但是只要以正确的态度对待挫折，就可以战胜挫折，取得出色的成绩，获得智慧和成功。

美国著名心理学家马斯洛曾说过："一个人面临危机的时候，如果你把握住这个机会，你就会成长。如果你放过了这个机会，你就会退化。"在漫长的人生之路上，将会遇到许多困难和挫折，但我们要发愤图强，学会在挫折中奋起，在挫折中走向成功。

第七章

一勤天下无难事

勤奋是对成功的最好注解，也是通往成功的必由之路。勤奋是成功的秘诀，懒惰是成功的大敌。

我智商一般，还能取得好成绩吗

> 每次上课的时候，老师的讲课内容我都能听懂、看懂，我认为自己已经掌握了老师课上所讲的知识，所以很少再去做一些课后的练习题。可是，时间久了，我对课上老师讲的知识逐渐遗忘了，问题也逐渐增多，也无法取得别人那样的好成绩，这让我感到很是失望，等想学了，才发现为时已晚。

　　一个人的天资固然重要，但是没有后天的教育和个人的努力依然是不行的，要不怎么会有"三分天注定，七分靠打拼"的说法呢？一个天才，如果不勤奋学习，终将沦为一个庸才，碌碌无为地度过一生；同样，一个平凡的人，如果不勤奋学习，那么他也终将一无所获。

　　因此，请不要抱怨上天对自己不公，因为上天对每个人都是公平的，你之所以没有取得优异的成绩，是因为自己不够勤奋、不够努力。要知道，成功永远不会敲响懒汉家的大门。一个人一旦养成了懒惰的品性，那么他想要获得成功，就会比登天还难。

天道酬勤，任何一个人的智慧都不是天生的，而是通过勤奋学习得来的，所谓勤奋，就是要不断地努力、不断地学习，这其中包含着坚持与顽强，也包含着勇气和韧性。所以，无论你聪颖与否，只要真正地勤奋努力过，总有一天你会收获成功的果实。

哈佛告诉你

优秀离不开勤奋学习

今天不走，明天就算跑也可能"被甩"

在生活中，我们经常会听到有的同学抱怨："我没什么天赋，没有别人聪明，无论怎样勤奋努力，最终都不能取得理想的成绩，这让我有点灰心丧气，好像上天对自己是那么不公平。"那么，到底是上天对自己不公平，还是自己不够勤奋努力呢？也许只有到了哈佛的校园里，我们才能得到真正的答案。

哈佛学生的学习氛围弥漫在整个校园，在哈佛的图书馆，经常是座无虚席；在哈佛的学生餐厅里，很难听到说话的声音，每个学生端着比萨、可乐坐下后，往往边吃边看书或做笔记……可以说，哈佛校园里，处处都是移动的图书馆。

天资聪颖的哈佛学生依然能够勤学苦读，我们这些资质平平的学生要想成才，是不是应该付出更多的努力才对？

哈佛告诫学生，如果今天懒惰，明天再想赶上别人，那么就要跑步前进了。因为，勤奋是克服"先天不足"的良药。一个勤奋的人，即使一开始没有表现出惊人的天赋和过人的才华，但是只要他能够踏踏实实、坚持不懈，最终将比那些浅尝辄止、反复无常的天才取得更大的成绩。

如果你有着卓越的才华，勤奋会让它绽放无限的光彩；如果你资质平庸、能力一般，勤奋可以弥补全部的不足。

青春就是要不停地奋斗和奔跑，如果你停滞不前，后面的人就会紧追而上，将你抛在身后。如果你今日不走，那么明天就只能奔跑，否则你将永远无法获得成功。所以，你不能停步，你需要不断向前，不断超越。

哈佛箴言

哈佛的教学理念是一定要不停地奋斗和奔跑，不要浪费任何时间，更不要贪图一时玩乐而荒废青春。只有勤奋刻苦才能获得知识，才能实现自己的远大目标。

最优秀的人，往往是最勤奋的人

哲人说："如果你期望真正的生活，那就不要到遥远的地方，不要到财富和荣誉中去寻找，不要向别人乞求，不要向生活妥协，不要向苦难和困境低头，幸福和成功只靠我们自己，自己的智慧，自己的勤奋，这种幸福和成功就是勤奋的恩惠，就是命运的赏赐。"

哈佛告诉学生，无论你出生在什么家庭，只要你坚持不懈地勤奋学习，总有一天，你会用知识改变自己的命运。成功与勤奋有着密不可分的关系，成功是勤奋的结果，而勤奋则是成功的必备条件。

勤奋学习，就是在成绩面前永不满足，不断追求更大的进步，更广泛的课外积累，不断对自己提出更高的学习目标和要求。勤奋学习就是能积极找出学习中遇到困难的原因，勇于克服，不解决困难誓不罢休。

古今中外，每一个成功者手中的鲜花，都是用他们辛勤的汗水浇灌出来的。因为勤奋，陈景润成为最接近数学王冠上的明珠——哥德巴赫猜想的第一人；因为勤奋，安徒生从一个鞋匠的儿子成为童话大王；因为勤奋，罗曼·罗兰获得了多年心血的结晶——《约翰·克利斯朵夫》；因为勤奋，巴尔扎克给人类留下了宝贵的文学遗产——《人间喜剧》；因为勤奋，爱迪生才有一千多种伟大的科学发明；因为勤奋，爱因斯坦才得以创立震惊世界的相对论……

这些时代的巨人们之所以能够从平凡中脱颖而出，成为人们所佩服的人，都应归功于他们勤奋好学的态度，因为他们比别人付出了更多的努力和心血。他们的成功经验告诉我们：天才出自勤奋，成功来自勤奋。

勤奋是对成功的最好注解，也是通往成功的必由之路。古罗马有两座圣殿：一座是勤奋的圣殿；另一座是荣誉的圣殿。人们必须经过前者，才能到达后者。勤奋是通往荣誉的必经之路，那些试图绕过勤奋、寻找荣誉的人，总是被荣誉拒之门外。

现在，有很多人认为自己的先天不足，没办法学好，因此悲观泄气，无心学习。其实，这是大可不必的，只要勤奋努力，希望就在面前。若是吝啬付出自己的劳动，怎么会学会知识，掌握知识，又怎么会品学兼优、出类拔萃呢？我们要有所成就，就必须克服懒惰。一勤天下无难事，在年轻的时候养成勤勉努力的习惯，那么这种习惯就会成为你终身受用的法宝，它会伴随你克服困难，取得人生的成功。

哈佛箴言

哈佛大学图书馆里流传着很多名言，其中一条就是：只有比别人更早、更勤奋地努力，才能尝到成功的滋味。

勤奋离不开持之以恒

如果你试着观察一下自己身边的一些同学，就会发现他们很多人具有勤奋的精神。多少次，当你沉浸在电视剧的快乐中时，他们正在挑灯夜战；多少次，当你不亦乐乎地和朋友闲聊时，他们在一遍遍做着习题；多少次，当你走在放学的路上想着回家该怎样放松的时候，他们手中却拿着英语单词表边走路边背诵……也许他们的天资并不如你，但往往到最后，取得优异成绩的是他而不是你。这是为什么呢？

生活中，很多人都喜欢瞬间的冲刺，以此一搏输赢，而往往忽视长久的坚持和缺乏持久的耐心。有道是，欲速则不达，越是操之过急，反而越会事与愿违。一个真正胸怀大志的人，是会时刻努力，注重一点一滴的累积，决不会为即时的冲动而逞一时之勇。人生需要一步一个脚印，成功离不开持之以恒的努力。

勤奋离不开持之以恒，只有三分钟学习热度的人，永远无法获得丰厚的知识，更谈不上会有什么惊人的成绩。因此，对待学习，我们还要有"金石可镂""水可穿石"的精神，切忌一曝十寒、朝三暮四。只有凭着锲而不舍的刻苦勤奋精神，才能在学业上不断地有新的进步。

哈佛箴言

我们的重要任务是学习，应该以"勤"为"径"，在知识的海洋里遨游。珍惜每一分、每一秒，勤学习，勤积累，勤思考，勤质疑，勤钻研，努力地朝着成功冲刺。

懒惰没有牙齿，却能吞噬人的智慧

哈佛告诉学生，时间给勤勉的人留下智慧的力量，给懒惰的人留下空虚和悔恨。

从某种意义上来说，懒惰就是一种堕落，它就像精神腐蚀剂一样，慢慢地侵蚀你。一旦背上了懒惰的包袱，生活将是为你掘下的坟墓。

作家茅盾曾经说过，天分高的人如果懒惰成性，亦即不自努力以发展他的才能，则其成就也不会很大，有时反会不如天分比他低些的人。

懒惰是很奇怪的东西，它使你以为那是安逸，是休息，是福气；但实际上它所给你的是无聊，是倦怠，是消沉。

当懒惰发展成为习惯后，它就会像病毒一样，在你的生活中蔓延，使你的生活到处弥漫着懒散的气息，它又会剥夺你对前途的希望，割断你和别人之间的友情，使你的心胸日渐狭窄，让你对人生也越来越怀疑。所以，为了避免它的滋生和蔓延，我们一定要把懒惰的习惯扔得远远的。

下面，列举了一些懒惰的具体表现，请你仔细看一看，和自己对照一下。

（1）上学迟到是家常便饭，面对逃学也不以为然。

（2）每天处于焦虑状态而不能入睡，睡眠不好。

（3）不知道学习的目的，不能主动地思考问题。

（4）心情总是不愉快，不能从事自己喜爱做的事，不爱体育锻炼。

（5）不能专心听讲、不能按要求完成作业。

（6）不能愉快地和别人交谈，尽管自己很希望这样做。

（7）日常起居没有秩序，不讲卫生。

（8）整天冥想苦思而对周围漠不关心。

　　如果有的话，你也不要为此太过担心，因为懒惰的情绪在每个人身上都存在，关键是你怎样去调整自己，使之趋于平静。

　　面对惰性行为，有的人浑浑噩噩，意识不到这是懒惰。有的人寄希望于明日，总是幻想美好的未来。而更多的人虽然极想克服这种行为，但往往不知道如何下手，因而得过且过，日复一日。这样做，可是万万不行的。

　　在学校中，我们可以看见一些学生天资聪慧，领悟能力也极强，一篇课文背上三五遍就能记熟，而有的学生则需要二十几遍。但在一段时间之后，前者的成就却可能不如后者。为什么呢？原因是那些天资聪慧的学生背完课文后，自诩天才，课后并不复习。而那些资质一般的人因为自愧不如，于是时时吟诵，终于烂熟于心，成绩自然就上去了。

　　在学习中，我们缺乏的往往不是智商，而是情商，是勤奋，是坚持不懈，是毅力，是恒心，是细心和耐心。一天的勤奋是容易的，但那只是扎扎实实地向成功的宝座迈进了一步。若想真正将成功的桂冠戴在头上，必须不断地努力。否则即使身在宝山，没有毅力挖掘的话，也只能空手而归了。所以，要想赢在人生的起跑线上，就必须从克服懒惰开始。

作为学生，我们要想取得优异的成绩，不一定要有过人的智慧，唯一的途径就是不断地学习，不断地勤奋努力。这样才有可能实现自己心中的目标。要记住：勤奋像一只梭，使你的智慧越织越多；懒惰像一把锁，锁住你大好的前途，锁住你人生中所有的光辉。为什么呢？

据日本的一项调查显示，多用脑的人智力水平比懒惰者要高50%。因为智慧要靠大脑的功能，但如果不经常动脑，不注意合理开发利用的话，智慧也就永远地不能显现出来了。就像久置不用的机器会锈蚀一样，大脑也会因长期得不到充分发挥而生锈，思维就会逐渐迟钝，分析判断能力也将大大降低。

我们憧憬着自己美好的未来，但是要想把理想变成现实就必须靠自己的勤奋去创造。能到达金字塔的动物有两种：一种是雄鹰，只需展开翅膀就能扶摇直上，直线登上；另一种是蜗牛，只能一步一步往上爬，如果你不是一只矫健的鹰，那么就要学会做一只坚忍不拔的蜗牛。

哈佛箴言

懒惰者，永远不会在事业上有所建树，永远不会使自己聪明。唯有勤奋者，才能在无限的知识海洋里猎取到真智实才，开拓知识领域，使自己聪明。

哈佛教你怎么做

怎样才能做到勤奋学习

　　古今中外的伟大人物都是靠勤奋取得杰出成就的，正如爱因斯坦所说："人们把我的成功归因于我的天才，其实我的天才只是刻苦罢了。"那些天资聪慧却疏于劳作的人，只期待奇迹出现，而不是付出辛勤的劳动，最终只能是两手空空，毫无所获。

　　勤奋可以让你的大脑变得富足，辛勤可以孕育成功与喜悦。对于青少年来说，怎样才能做到勤奋学习呢？

1 要有良好的动机

　　产生了学习的动机，有了明确的学习目的，才能产生学习动力，才能有主动积极的态度，对所学内容产生兴趣、集中注意等；而且良好的动机还可以使注意状态、兴趣状态保持下去，在遇到困难时有克服困难的意志力。

2 激发学习的兴趣

兴趣是勤奋的动力，一个人对某项事物产生了兴趣，便会积极主动地投入学习，学习效果就极佳；当一个人产生厌倦和不感兴趣时，学习就会停止。

3 施加恰当的压力

有了一定的学习压力，就可以把压力转变成学习的动力，从而激励学习动机。可以根据自身情况，给自己制定学习目标，用来激励自己，如果达不到目标，就要做出情况分析及补救措施。引导自己发奋、努力，从而化压力为动力，实现学习活动的持久、连续。

4 让自己对学习获得成功感

在制定学习目标的时候，可以把学习目标进行分解，让自己在实现一个个小的目标中，获取成就感，从而更加努力学习，通过击破各个小目标，实现自己的总目标。

5 抵制电子产品对学习的影响

网络时代，我们被各种电子产品包围，各种电子游戏牢牢地吸引了我们的注意力，占用了大量的时间，甚至严重影响了我们的学习。时间和精力是有限的，玩电子产品是一件很耗时间的事，如果我们把时间和精力花在了玩电子产品上，自然就没有多余的精力和时间学习了。所以，我们必须要自觉抵制电子产品的诱惑，不要因为眼前短暂的快乐和轻松而使自己将来产生巨大的遗憾。

在学习的时间里，要主动将电子产品收起来，交给父母或者放到我们看不到的地方，避免注意力被电子产品破坏。

6 多向强者请教学习方法

我们要多向强者学习，向他们请教学习方法。拥有好的学习方法，就相当于拥有一把打开知识宝库的钥匙。我们要多和优秀的同学相处，经常交流学习经验，快速掌握科学的学习方法，这是提高成绩费力最少、收获最大的途径。

只要有坚定的决心和勤奋的精神，并且在学习与生活中持之以恒，辉煌的成就和灿烂的未来必定属于你。所以，做学习的主人吧！

第八章

认清自己的优势，成就最好的自己

一个人没有认清真实的自己，不能了解自己的优势所在，就不能把命运掌握在自己手中，也就不可能取得成功。

对话哈佛

我的前途在哪里

以前我是老师眼里的优等生，同学眼中的佼佼者。当我以优异的成绩考入重点中学后，我所有的自信都被现实击碎了。第一次考试没有考好，我告诉自己，下次努力，我一定能考好；第二次没考好时，我对自己说，我能行；可是，第三次、第四次……当我不再是老师眼中的骄傲，当同学敬佩、羡慕的眼神渐渐远离我时，我彻底迷茫了，难道我的学习从此就没有希望了吗？一次又一次的失败，老师、父母那无声的叹息，真的暗示了我的命运吗？我怎样才能成就最好的自己呢？

我想每个人都遇到过困难，经历过失败。其实遇到挫折难免会产生挫败甚至放弃的心理，失败并不可怕，可怕的是放弃自己。

有的同学觉得自己的成绩不太可能考上重点高中或者大学，索性就自我放弃，不再努力，用"混"日子来度过本应该努力学习的日子，但是你想过没有，这段时间你选择"混"，那未来遇到的很多事情，你都可能会选择"混"，一旦"混"成为一种习惯，你放弃的将是自己的未来。

有的同学从小学升到初中或是由初中升到高中有了落差，自己不能接受这样的结果，然后开始在意别人的看法，而越是在意，越想扭转这种局面，就越不能找到自己在学习中出现的问题，所以问题不但没有解决，反而出现许多新问题，导致情况不断恶化。如果我们能够静下心来好好思考原因，总有一天会通过自己的努力将成绩赶上去。

做自己命运的主宰者

永远不要轻言放弃

哈佛告诉学生，成功者之所以成功，就在于他们比别人多坚持了一会儿。在顺境中，大多数人都能够为自己的目标坚持，而在困境中，人们的表现就有了差别，大多数人在困境中很容易放弃自己的目标和意愿，只有那些立志成功的人才能够坚持到最后。也就是说，成功属于永不言弃的人，只有强大的毅力才会使你成功，成大事不在于力量的大小，而在于你能坚持多久。

苏格拉底是古希腊时期的思想家、哲学家和教育家。在那个时候，一些年轻人慕名去拜访苏格拉底，他们想知道怎样才能拥有博大精深的学问和智慧。

面对年轻人的问题，苏格拉底没有正面回答，而是告诉大家：

"你们先回去，每人每天坚持做100个俯卧撑，1个月后再来找我。"年轻人面对如此没有价值的回答，都笑了，他们说："这还不简单吗？"

然而，一个月后，回到苏格拉底那里的人只有先前的一半。苏格拉底依旧对重新回到他面前的人说："你们做得很好，回去再这样坚持一个月吧。"

结果，当一个月又过去的时候，回来的人还不到之前的三分之一。如此一年后，回来向苏格拉底请教问题的就只剩下一个人了，他就是柏拉图。许多年后，他成了古希腊著名的哲学家。

生活中，我们每个人的成长都要经历一个长期的过程。在这个过程中，有的人挺住了，他们沉稳、踏实，不怕吃苦，所以当他们的努力坚持到了一定时间时，必定会有好的前途。而在这个过程中，有的人沉不住气，他们浮躁、抱怨、懒惰，一旦遇到挫折，就容易放弃，从此一蹶不振。这就是成功者和失败者的最大区别。

坚持的过程，不是每个人都能挺得住，然而一旦坚持到底，谁也不能阻挡你成才。永不言弃是对成功的最好解释。成功人士之所以成功，并不一定是比其他人聪明，但是在他们身上，一定有一种永不放弃的坚韧精神。这种精神能够带给人无穷的力量。

在我们的生活和学习中，有的同学一遇到困难和挫折，就会轻易说自己不行，于是自暴自弃。殊不知，这样做的后果只能让自己朝着失败的方向倒退。要知道一两次的失败算不了什么，今天的失败并不意味着以后的失败，我们更需要用"永不言弃"的精神为自己打气。永不言弃的精神可以体现在一次小小的比赛中，一道不起眼的数学题中，一次简单的义务劳动中……

是的，我们需要永不言弃。为了我们的理想永不言弃，就可以一步一个脚印地实现自己的梦想；为了我们的未来永不言弃，就有能力找寻自己向往的领空；为了我们的成功永不言弃，就可以拥抱辉煌。只要永不言弃，我们的明天就会充满阳光，充满成功的喜悦。

哈佛箴言

不管是走在崎岖的道路或是平坦的大道上，我们都应该勇敢面对途中的坎坷和磨难，去挑战它们。失败了又怎样，只要我们永不言弃，失败只不过是一次小小的历练，并不影响你成功。

保持积极进取的心态

你的痛苦没有人给予，一切都是你自己的心态在作祟。同样的人生，异样的心态，看待事情的角度就会截然不同。拥有阳光心态的人，戒贪欲，知足常乐；弃消极，以积极向上的心态看待、处理问题；遇磨难，挣开惯性思维的"枷锁"，从对自己有利的一方面去思考；对得失，超越内心深处的羁绊，坦然淡定、淡泊名利……如此造就成功人生。相反，拥有消极心态的人，对生活和人生充满了抱怨，自我封闭，限制和抹杀自己的潜能。

在生活中，大多数人的失败并非才智平庸，时运不济，而是由于在人生的长跑中没有保持一种积极的心态，使得自己最终无法触摸到成功的终点线。与其说他们在竞争中失利，不如说他们输在了心态上。

哈佛大学有一位德高望重的老教授，他有一个习惯，就是很喜欢在课堂上提一些看似很简单、其实却饱含深意的问题。

有一次，在课堂上，他问学生："世界上最高的山峰是哪座山？"学生们面对如此简单的问题，无精打采地回答："珠穆朗玛峰。"

谁知道，教授又追问道："那世界第二高峰呢？"

这一下，学生们不知道该怎么回答了，因为在他们的大脑中，貌似没有学过这个知识。大家静悄悄地没有说话。

教授又继续问道："第一个进入太空的人是谁？"

不料，这次没有人回答了，不是大家不知道问题的答案，而是因为大家知道教授的下一个问题——他们不知道第二个人是谁。

这时，教授转过身，在黑板上写下了这样一行字：屈居第二与默默无闻毫无区别。接着教授陈述了他曾经做过的一项实验：12年前，他要求自己的学生进入一个宽敞的大礼堂，随便找座位坐下。反复几次后，教授发现有的学生总爱坐前排，有的则盲目随意，四处都坐，还有一些人似乎特别钟情后面的座位。教授分别记下了他们的名字。10年后，教授的追踪调查结果显示：爱坐前排的学生中，在人生中获得成功的比例高出其他两类学生很多。

最后，教授语重心长地说道："不是说凡事一定要站在最前面，永远第一，而是说这种积极向上的心态十分重要。在漫长的一生中，你们一定要勇争第一，积极坐在前排。"

教授的话，令台下的学生们陷入了沉思之中。

这个故事告诉我们，积极的心态很重要，它能够使人看到希望，保持进取的旺盛斗志。只要始终保持着积极进取的心态，保持乐观向上的心境，保持饱满昂扬的热情就会无往不胜。

积极的心态可以让你获得成功的人生。决定一个人成功的因素不仅仅是能力，更重要的是能否始终乐观地看待自己周围的事物，身处逆境时能否依然积极乐观地寻找改变逆境的方法。每个人都是自己人生的主宰，面对人生的磨难和挫折，应该时刻保持积极进取的精神，在乐观中汲取继续走向成功的力量。

积极心态是知足、感恩、乐观开朗这样一种心态，是一种健康的心态。它能让人心境良好，人际关系正常，适应环境，力所能及地改变环境，人格健康。具备积极心态可以使人深刻而不浮躁，谦和而不张扬，自信而又亲和。

积极的心态也是一种精神。只要你勇于微笑，失败和挫折就是暂时的，误解和矛盾是暂时的，烦恼和忧愁也是暂时的。

我们享受生活，就要建立积极的心态，建立阳光的心态。

拥有阳光心态的人，明白知足常乐，他们知道对现有收获的充分珍惜，对目前成果的充分享受，也是对现有潜力的充分发掘，为今后的创新和进步提供平台。懂得知足，心便快乐。

拥有阳光心态的人，乐观地对待人生，乐观地接受挑战，他们知道学习有了困难，不要放弃；生活有了磨难，不要抱怨；日子有了艰难，不要喊冤。只要理智地去思考，乐观地去对待，总有一天，这些都会成为过眼云烟。

拥有阳光心态的人，懂得用一颗感恩的心去对待现在，对世间所有人、所有事物给予自己的帮助表示感激，铭记在心，同时又用一颗进取之心去开创未来。

假如在生活中，当我们心理上遇到困惑，感到无助时，我们可以及时向父母、老师、同学寻求帮助，跟他们倾诉；也可以写写日记，记下心路历程；或者读一些书籍让自己忙起来，就不会有那么多不开心的事影响自己。只要你心灵充实，每天都是快乐的日子。与其为发生过的事情而痛苦，不如从痛苦中解脱出来，去创造一个更加丰富多彩的内心世界。

生活因为热爱而丰富多彩，因为信心而瑰丽明快，激情创造未来，心态营造今天。

人与人之间只有很小的差异，但这种很小的差异却往往造成了巨大的差异。很小的差异就是所具备的心态是积极的还是消极的，巨大的差异就是成功和失败。

学习是一辈子的事情

哈佛大学的教授经常告诉学生：只有不断地学习，才能不断地适应外部环境的变化。一旦学习停滞了，适应也就停滞了。适应新时代的生存方式，就是不断学习，终身学习。只有做到终身学习的人，才能不断获得新信息、新机遇，才能不断提高能力、素质，才能不断地走向成功。

尽管有时候学习是一件苦差事，特别是面对枯燥无味或者完全不感兴趣的学习内容时，那是极其痛苦的。所以这就需要我们的耐心和毅力。需要我们的转化能力，要学会在苦中作乐。当你的头脑被知识填充时，当你又多了一项技能时，你感受到了自己的价值，这时候你曾经因学习枯燥而感受到的痛苦也就烟消云散了，你一定会感谢那些曾经的苦。

学无止境，只有通过不断地努力学习，才能不断地提高自己，以适应这个科技飞速发展的社会；才能给我们以无限的智慧；才能使自己丰富和深刻起来；才能不断提高自己的整体素质，以便更好地投入工作和事业中去。

不管你为了什么目的去读书，只要明白学无止境，用知识实现梦想，用读书寻找乐趣，用知识创造生活，你的人生就会树立起永不沉没的风帆。

因此，在漫长的人生道路上，只要坚持不懈地学习，天天学，月月学，年复一年，我们就会用知识搭建一座坚实的堡垒，坚守知识城堡，我们就可以轻易地赢得角逐战。每一场战役的胜利都得益于知识的力量，而知识又源于连续性地学习。所以，现在我们需要做的是一步一个脚印地努力学习，向上攀登，勇往直前。

就像哈佛人那样，不会总是想着自己拥有什么，他们更多的是在想着自己没有什么，应该要怎样拥有。就算取得了一定的成就，他们也从来不会满足于现状，而是积极进取，从而让自己在成功的道路上走得更远。

哈佛箴言

成功不是一蹴而就的，知识推动社会的发展，但是没有哪一项发明是凭空想象出来的，一定是在已掌握大量的知识的前提下创造出来的。因此，只有不断学习，才能有所成就。

世上无难事，只怕有心人

在现实中，很多同学本来可以大有发展，但是在学习上却总是马马虎虎，不认真完成作业，整天只知道贪玩，结果导致成绩平平。

这样的学生，即使从学校毕业，走上社会后，他的不良习惯也会束缚他的发展。

你知道成功者和失败者的最大区别是什么吗？那就是成功者无论做什么事，都会全力以赴，精益求精，尽善尽美。而平庸者总是胸无大志，做事不专，马马虎虎，随随便便。

如果我们想要追求成功，就要在做事的时候，抱着追求尽善尽美的态度，要学会不断地超越自我。

无论做什么事，不能做到"差不多"就满足了，或者做到中途便停止，那成功永远不会光临。

雄鹰敢于挑战以幼小的身躯，穿越朵朵白云，才能够搏击长空；鲤鱼敢于挑战跳跃的极限，超越潺潺流水，才能够龙门一跃；荷花敢于挑战不公的命运，突破层层淤泥，才能够出淤泥而不染。

自然用生命所创造的奇迹告诉我们：超越渺小的自我，需要勇敢地向生命极限挑战。

追求卓越，超越自我，需要我们努力地突破已有的限度，不断向着更高的目标行进，爬上一个又一个新的高峰，去欣赏那山顶的无限风光。

也许我们没有过人的天赋和不俗的命运，也许我们不能超越那些遥不可及的目标，但我们可以做到的是超越自己。比如，背诵一篇难记的英语课文，解开一道数学难题，克服一个挫折，实现一个目标，战胜一个极限，等等。

追求卓越，超越自己并没有想象中那么困难，每天的点滴进步都是一个超越。如果你坚持追求完美，不允许自己有不尽力的行为；如果你能够有毅力、有决心追求你的目标，你就一定会成功。

人的一生最大的敌人就是我们自己，只有超越自我，才能使自己的一生更加丰富多彩，只有超越自我，才能看到生命的全貌。让我们勇敢地接受生命中的每一个挑战，为青春着色，为梦想起舞，为明天喝彩！

哈佛箴言

世上无难事，只怕有心人。不断学习，不断让自己进步，人的一生就是在这种认识自我、超越自我、完善自我的历程中进步的。

认识自己的优势，经营自己的长处

成功的关键不是克服缺点、弥补缺点，而是施展天赋、发扬长处。要想取得成就，就要擅长经营自己的强项。"认识你自己"其中最重要的意义之一就是要认清自己的能力，知道自己适合做什么，不适合做什么；长处是什么，短处是什么。

一只小兔子被送进了动物学校，它最喜欢跑步课，并且总是第一；它最不喜欢的是游泳课，一上游泳课它就非常痛苦。但是兔爸爸和兔妈妈要求小兔子什么都学，不允许它有所放弃。

小兔子只好每天垂头丧气地到学校上学，老师问它是不是在为游泳太差而烦恼，小兔子点点头。老师说，其实这个问题很好解决，你跑步是强项，但是游泳是不足。这样好了，你以后不用上游泳课了，可以专心练习跑步。小兔子听了非常高兴，它专门训练跑步，结果成为跑步冠军。

小兔子根本不是学游泳的料，即使再刻苦，它也不会成为游泳能手；相反，它专门训练跑步，结果成为跑步冠军。

世界上没有两片完全相同的树叶，每个人的天赋也是不同的。你也许在某个方面表现突出，而其他方面则可能有所欠缺。所以，我们要集中自己的智慧潜能优势，寻找一个与之相符合的发展方向，这样成功的机会才可能多起来。

在漫漫的人生旅途中，找到自己的强项，也就找到了通往成功的大门。选择自己的坐标以后需要立即行动。如果你是鱼，就跳进大海，在茫茫的大海里尽情畅游；如果你是鹰，就飞向蓝天，在广阔的天空中自由翱翔。

哈佛箴言

长处并非仅仅是天赋，它可以是与生俱来的性格，也可以是后天培养的技能，更可以是因为热爱而衍生的特质。

如何成就更好的自己

培养挑战自我、超越自我的意识

一位哲人曾说："一个人最大的敌人就是自己……其实，谁也没法把你打倒，能打倒你的只有你自己。"无论是叱咤风云的英雄人物，还是我们这群普普通通的学生，每个人都蕴藏着无限的能量，只有在不断地自我超越中，才能将你体内巨大的能量酣畅淋漓地激发出来。

因此，我们要敢于挑战自我，敢于超越自我，在命运考验的瞬间勇敢地向前踏上一步，走出无怨无悔的光彩人生。

那么如何培养挑战自我、超越自我的意识呢？

首先，积极参加学校里的各类学习和文体竞赛活动。在学习中不断积累文化知识，提升自己的素质。在竞赛中培养自己的竞争意识，增强自己的自信和自尊。

其次，要有坚强的意志和团结合作的精神。当你遇到困难的时候，不要逃避问题，要勇敢地去面对，要相信困难只不过是一种为人生增添色彩的颜料而已。在磨炼中学习，在逆境中成长。要学会发扬团队合作的精神，增强社会适应能力。

再次，要学会越挫越勇，不要轻言放弃。放弃意味着止步不前，因为你放弃的不只是自己，有时候很可能是难得的机遇。

最后，要有"胜不骄，败不馁"的心态。挑战自我不怕失败，人的潜能就在挑战中迸发，以迎接更大的挑战。

找到自己的优势

我们可以从下面三种途径尝试找到自己的优势：

第一，找到自己擅长做的事情。什么叫擅长呢？就是做事不是很费力，就能轻松完成的事，也可以理解为天赋或天分。比如说有人天生对文字敏感，有人天生对画画有天赋，有人对厨艺不点就通。这些都是擅长的表现，所以要不断地寻找。

第二，找到自己愿意做的事情。看起来愿意不愿意跟优势风马牛不相关，但是即便是擅长的事，如果不喜欢也没有办法持续下去，只有愿意做某件事，才能变得持续和更擅长。

第三，找到能使自己能力无限提升的事情。我们说想要让擅长变得更擅长，就得能让自己无限提升。比如说你擅长偷懒，这个再擅长也没有用，因为只会让你变得更坏，而不会更好。要去做真正能提升能力的事，比如说读书、学习、创新思维等，这些才能让自己的能力持续提升。

　　这是一个风云激荡的时代、一个机会频生的时代，也是一个人人都渴望成功的时代。要想在这个时代有所成就，就必须在理想的召唤下，对自己的要求高一点，苛刻一点，凡事多问几个为什么。要朝着完美的方向不断挑战自我，不断超越自己，一步一个脚印，向更高的精神境界出发，追求更高的人生目标，踏踏实实地走向成功。

　　人生本来就是一场无止境的追求，尽管这条道路漫长且充满坎坷，但是只要自己有一颗自信的心去迎接挑战，你终将成为一位真正的强者！

影响哈佛学子一生的箴言

1. 阅读：无论走到哪儿，随身携带一本书。

2. 思考：你怎样思考，你的人生就会变得怎样。

3. 选择：适合自己的才是最好的选择。

4. 财商：穷人遵循"工作为挣钱"，富人则主张"钱要为我工作"。

5. 借力：借助别人的力量让自己强大。

6. 锻炼：选择一项自己最喜欢的运动。

7. 创新：创造他人需要却表达不出来的东西。

8. 感恩：在任何地方，对任何人、任何事，都要说声"谢谢"。

9. 和谐：建立黄金般美好的友谊。

10. 诚信：诚信是个人必须具备的道德素质和品格。